BEI GRIN MACHT SICH IHR WISSEN BEZAHLT

- Wir veröffentlichen Ihre Hausarbeit, Bachelor- und Masterarbeit

- Ihr eigenes eBook und Buch - weltweit in allen wichtigen Shops

- Verdienen Sie an jedem Verkauf

Jetzt bei www.GRIN.com hochladen und kostenlos publizieren

Ernst Probst

Yeti - Der Schneemensch im Himalaja

GRIN Verlag

Bibliografische Information der Deutschen Nationalbibliothek:

Die Deutsche Bibliothek verzeichnet diese Publikation in der Deutschen National-
bibliografie; detaillierte bibliografische Daten sind im Internet über http://dnb.d-
nb.de/ abrufbar.

Impressum:

Copyright © 2013 GRIN Verlag GmbH
Druck und Bindung: Books on Demand GmbH, Norderstedt Germany
ISBN: 978-3-656-37016-1

Dieses Buch bei GRIN:

http://www.grin.com/de/e-book/209335/yeti-der-schneemensch-im-himalaja

„Yeti", der Schneemensch im Himalaja,
Zeichnung von Philippe Semeria bei „Wikipedia"

Ernst Probst

Yeti

Der Schneemensch
im Himalaja

*Meinen Enkelkindern
Max, Paula und Jana gewidmet*

Belgischer Zoologe Bernard Heuvelmans (1916–2001),
Zeichnung von Talitha Wittich

Viele Tierarten sind noch unentdeckt

Leben im Himalaja heute noch riesige Schneemenschen, die von den Einheimischen mit vielen Namen bedacht werden? Die Einen bezeichnen diese rätselhaften Lebewesen als „Yeti", andere als „Migö", „Gang Mi", „Lmung", „Chumung", „Chemo" oder „Kangchendzönga-Dämon". Zwei bis drei Meter groß sollen diese Affenmenschen sein, mehr als 200 Kilogramm wiegen und Fußabdrücke bis zu 43 Zentimeter Länge hinterlassen. Angebliche Fußabdrücke jenes legendären Geschöpfes sind bis in 7.000 Meter Höhe im „ewigen Schnee" entdeckt und fotografiert worden. Augenzeugen wollen sogar lebende „Yetis" gesehen haben. Immer wieder liest man auch von vermeintlichen „Yeti"-Haaren, -Skalps und -Fellen. Worum es sich bei den Schneemenschen im Himalaja handelt, ist sehr umstritten. Man deutete sie als Nachfahren von prähistorischen Menschenaffen, Frühmenschen, Urmenschen, kälteresistente Ur-Germanen, aber auch als Bären oder flüchtige Menschen.

Ernst Probst, der Autor des Taschenbuches „Yeti. Der Schneemensch im Himalaja", ist weder Kryptozoologe, noch glaubt er an die Existenz von Affenmenschen, die überlebende urzeitliche Menschenaffen, Frühmenschen oder Urmenschen wären. Aber er kann nicht ausschließen, dass in abgelegenen Gegenden der Erde noch bisher unbekannte Affen oder Menschenaffen ein verborgenes Dasein führen. Denn von 1900

Erstmals 1902 wissenschaftlich beschrieben:
der Berggorilla (Gorilla beringei beringei)

bis heute sind erstaunlich viele große Tiere erstmals entdeckt und wissenschaftlich beschrieben worden. Darunter befinden sich auch Primaten wie der Berggorilla (1902), der Kaiserschnurrbarttamarin (1907), der Bonobo (1929), der Goldene Bambuslemur (1986), der Goldkronen-Sifaka oder Tattersall-Sifaka (1988), das Schwarzkopflöwenäffchen (1990) und der Burmesische Stumpfnasenaffe (2010).

Das Taschenbuch „Yeti. Der Schneemensch im Himalaja" enthält eigens hierfür angefertigte Zeichnungen des japanischen Künstlers Shuhei Tamura. Dieser hat dankenswerterweise oft prähistorische Raubkatzen für Werke des deutschen Autors Ernst Probst gezeichnet.

Nach Ansicht von Kryptozoologen, die weltweit nach verborgenen Tierarten (Kryptiden) suchen, leben auf der Erde noch zahlreiche unbekannte Spezies, die ihrer Entdeckung harren. Bisher sind auf unserem „blauen Planeten" etwa 1,5 Millionen Tierarten bekannt. Manche Wissenschaftler vermuten, dass mehr als 15 Millionen Tierarten noch unentdeckt bzw. unbeschrieben sind.

Der verhältnismäßig junge Forschungszweig der Kryptozoologie wurde von dem belgischen Zoologen Bernard Heuvelmans (1916–2001) um 1950 benannt und gegründet. Er sammelte Tausende von Berichten, Legenden, Sagen, Geschichten und Indizien verborgener Tiere und prägte durch seine Fleißarbeit die Kryptozoologie nachhaltig.

Als Zweige der Kryptozoologie gelten die Dracontologie, die sich mit den Wasserkryptiden befasst, die Hominologie, die sich mit Affenmenschen beschäftigt, und die Mythologische Kryptozoologie, welche die Entstehungsgeschichte von Fabelwesen erforscht. Der Begriff Hominologie wurde 1973 durch den russischen Wissenschaftler Dmitri Bayanow

Erstmals 1907 wissenschaftlich beschrieben:
der Kaiserschnurrbarttamarin (Saguinus imperator)

Erstmals 1929 wissenschaftlich beschrieben:
der Bonobo (Pan paniscus)

Erstmals 1986 wissenschaftlich beschrieben:
der Goldene Bambuslemur (Hapalemur aureus)

12

Erstmals 1988 wissenschaftlich beschrieben:
der Goldkronen-Sifaka (Propithecus tattersalli)

*Erstmals 1990 wissenschaftlich beschrieben:
das Schwarzkopflöwenäffchen (Leontopithecus caissara)*

14

eingeführt. In der Folgezeit haben Kryptozoologen verschiedene Untergliederungen der Hominologie vorgeschlagen. Die Kryptozoologie bewegt sich teilweise zwischen seriöser Wissenschaft und Phantastik. Kryptozoologen wollen nicht glauben, dass unser Planet schon sämtliche zoologischen Ge-Geheimnisse preisgegeben hat, obwohl Satelliten regelmäßig die ganze Erdoberfläche überwachen. Nach ihrer Ansicht bleibt das, was unter dem Kronendach tropischer Regenwälder oder in den Tiefen der Ozeane existiert, selbst modernster Spionage-Technik verborgen.
Kryptozoologen zufolge gibt es auf der Erde noch erstaunlich viele bisher unbekannte Tierarten zu entdecken. Auf allen fünf Erdteilen – so glauben sie – leben beispielsweise große Affenmenschen. Die bekanntesten von ihnen sind „Yeti" im Himalaja, „Bigfoot" in Nordamerika, „Orang Pendek" auf Sumatra und „Alma" in der Mongolei. Als Affenmenschen gelten auch „Chuchunaa" in Ostsibirien, „Nguoi Rung" in Vietnam, „De-Loys-Affe" in Südamerika, „Skunk Ape" in Florida, „Yeren" in China und „Yowie" in Australien.
Affenmenschen heißen – laut „Wikipedia" – „affenähnliche", das heißt nicht mit allen Merkmalen der Art *Homo sapiens* ausgestattete Vertreter der „Echten Menschen" (Hominiden). Sie gehören zu den bekanntesten Landkryptiden.

Schneemensch „Yeti",
Zeichnung von Philippe Semeria bei „Wikipedia"

Yeti

Der Schneemensch im Himalaja

Der legendenumwobene Schneemensch „Yeti" im Himalaja gilt zusammen mit dem schottischen Seeungeheuer „Nessie" aus dem Bergsee Loch Ness und dem nordamerikanischen Affenmenschen „Bigfoot" als einer der bekanntesten Kryptiden der Erde. Sichtungen dieses zweibeinigen, behaarten Lebewesens sind aus Nepal, Tibet, Bhutan und Indien bekannt. Angeblich existiert der „Yeti" in zweierlei Gestalt: als Tier im Hochgebirge und als Legende in der Überlieferung der Einheimischen.

Der Begriff „Yeti" stammt aus der Sprache der Sherpas, der Ureinwohner im Lebensraum der mysteriösen Schneemenschen. Das Wort „yeh-teh" der Sherpas besteht aus den Begriffen „Ye" (Fels) und „The" (Tier) und wird sehr unterschiedlich mit „Mann in den Felsen" oder „Tier in den Felsen" übersetzt.

In Tibet bezeichnet man den „Yeti" als „Migö" („Wilder Mann") oder als „Gang Mi" („Gletschermann"). Bereits vor rund 1.000 Jahren erwähnte der Yogi Milarepa, der als Einsiedler im Himalaja lebte, dieses Geschöpf in seinen Gesängen. Beim tibetobirmanischen Bergbauern-Volk Lepcha (auch Róng genannt) kursieren viele Sagen über jenes geheimnisvolle Wesen. Die Lepcha nennen es „Lmung" („Berggeist") oder „Chumung" („Schneegeist"). Sie übten früher eine schamanistische Religion namens Mjn aus und verehrten den „Berggeist" oder „Schneegeist" als Gott der Jagd und Herrn allen Rotwilds. Weitere lokale Namen für den „Yeti" sind „Chemo" oder „Kangchendzönga-Dämon".

Lepcha in Singlik 1938,
Foto des deutschen Zoologen Ernst Schäfer (1910–1992)

18

Sherpa mit erlegtem Geier,
Foto von Ernst Krause aus dem Jahre 1938

Das seltsame Wesen mit den vielen Namen erreicht angeblich eine Körpergröße bis zu zwei oder drei Meter, ein Gewicht von mehr als 200 Kilogramm und hinterlässt Fußabdrücke bis zu 43 Zentimeter Länge. Tibeter und Lepcha beschreiben den „Yeti" als Affentier mit eiförmigem und spitz zulaufendem Schädel sowie kärglicher, rötlicher Behaarung. Von den Sherpas werden zwei Typen des „Yeti" unterschieden: Die größere Variante wird als Mischung aus Mensch und Affe mit einer Körpergröße von mehr als zwei Metern und dunkelbrauner Farbe beschrieben. Die kleinere Variante soll kleiner als ein durchschnittlicher Mann sein und ein rötlich-braunes Fell tragen. Beide Formen gehen angeblich aufrecht.

Entgegen landläufiger Meinung sind die Sherpas allerdings keine guten Kenner ihrer heimischen Tierwelt. Der britische Zoologe John Napier (1917–1987), der frühere Leiter der Primatenabteilung des „Smithsonian-Instituts", erklärte in der Zeitschrift „Bigfoot", weshalb Berichte der Sherpas zweifelhafter Natur seien. „Die Sherpas können nicht unterscheiden zwischen der Realität der wirklichen Welt und der Realität ihres mythologischen religiösen Glaubens", schrieb er. Mehrfach hätten sie Fußabdrücke dem „Yeti" zugeschrieben, die nach Erkenntnissen europäischer Forscher einwandfrei Abdrücke normaler Tiere gewesen seien. Die humorvolle Bemerkung, ein Sherpa könne einen Bären oder einen Affen nicht von einem Schneemenschen unterscheiden, könne durchaus richtig sein. Für Sherpas ist das Töten von Tieren tabu. Deswegen jagen sie niemals Leoparden, Ziegen oder Antilopen.

Nach Ansicht der Kryptozoologen Ivan T. Sanderson (1911–1973), Bernard Heuvelmans (1916–2001) und Loren Coleman existierten drei Arten des „Yeti": der etwa ein Meter große

„Pygmäen-Yeti" („Teh-Ima"), der bis zu 1,80 Meter große „echte Yeti" („Meh-Teh") und der bis zu 2,70 Meter große „Riesen-Yeti" („Dzu-Teh" oder „Rimk") mit bis zu 50 Zentimeter langen Füßen.

In der Literatur ist manchmal auch von einer besonders großen „Yeti"-Art namens „Nyalmo" die Rede. Diese soll sage und schreibe bis vier bis fünf Meter Körperhöhe erreichen und im „ewigen Schnee" in mehr als 4.000 Meter Höhe leben. Jener „Nyalmo" wird als Fleisch- und eventuell sogar Menschenfresser geschildert.

Heuvelmans beschrieb in seinem Buch „On The Track of Unknown Amimals" (1958) den „Nyalmo" als „großes Wesen, halb Mensch, halb Bestie". Er hause in Höhlen, die hoch und schwer zugänglich in den Bergen lägen. Sein Gesicht sei ziemlich menschenähnlich, seine Gesichtshaut weiß und sein Körper von einem dicken Haarpelz besetzt. Die Arme reichten bis an die Knie. Die dicken Beine seien gebeugt und die Zehen nach innen, vielleicht sogar nach hinten gerichtet. Dieses muskulöse Lebewesen könne Bäume entwurzeln und große Felsbrocken aufheben.

Eine der frühesten Erwähnungen des „Yeti" dürfte aus der Feder von Plinius dem Älteren (23 bis 79 v. Chr.), des römischen Schriftstellers und Befehlshabers der kaiserlichen Flotte in Miseum, stammen. Er beschrieb zeitweise auf vier oder zwei Beinen laufende „schnelle Geschöpfe" mit menschlicher Gestalt, die in den „nach Osten hin liegenden Bergen Indiens" ihr Unwesen trieben. Wegen ihrer Geschwindigkeit könnten sie nur, wenn sie alt oder krank seien, erhascht werden. Plinius starb beim Ausbruch des Vesuvs, der Pompeji zerstörte. Erhalten von ihm ist sein Sammelwerk „Naturalis historia" in 37 Bänden, das wichtige kultur- und kunsthistorische Angaben enthält.

Römischer Schriftsteller
Plinius der Ältere (23 bis 79 v. Chr.)

Womöglich schrieb auch Aelianus (um 170–222), der Oberpriester des römischen Kaisers Septimius (146–211), in seinen „Tiergeschichten" über den „Yeti". Darin erwähnte er ein den Satyrn ähnliches Tier auf den „Indischen Bergen". „Wenn man über die den Indern benachbarten Berge nach der innern Seite geht, so zeigen sich, wie man sagt, dicht bewachsene Talengen; und diese Gegend wird von den Indern Koruda genannt", brachte Aelianus zu Papier. In diesen Tälern irrten Tiere, die zottig am ganzen Leibe und an den Lenden seien sowie einen Pferdeschweif trügen. Sie verweilten in Wäldern und ernährten sich von Holzwerk. Wenn sie das Getöse der Jäger und das Bellen der Hunde hörten, liefen sie unglaublich schnell auf Berghöhen. Denn sie seien im Bergsteigen geübt. Gegen die Anrückenden kämpften sie, indem sie Steine auf sie herabwälzten. Diese Satyrn waren laut Aelianus eine Mischung aus Yak und „Yeti". Nach Ansicht von Reinhold Messner besaßen sie Eigenschaften, wie sie dem „Yeti" heute noch zugeschrieben werden und dem „Dremo" bzw. „Chemo" in der Realität entsprächen.

Zu den Ritualen der alten schamanistischen Bön-Religion (auch Bon- oder Bonpo genannt), die in Tibet die vorherrschende Religion war, bevor im achten Jahrhundert der Buddhismus ins Land gelangte, gehörten zu bestimmten Opferzeremonien auch „Yeti"-Blut und „Yeti"-Skalp. Dabei hat man das Blut eines „Mirgod" oder „Wildmenschen" mit demjenigen eines Pferdes, eines Hundes, einer Ziege, eines Schweins, eines Raben, eines Menschen, eines Kragenbären vermischt und so eine magische Medizin hergestellt. Wichtig bei diesem Ritual war, dass es sich um ein Exemplar handelte, das mit Pfeilen getötet worden war.

Ein Lebewesen, das dem „Yeti" entspricht, kommt auch im 26. Gesang des Yogi und Dichters Jetsün Milarepa (1040–

Statue von Jetsün Milarepa (1040–1123) in Tibet

24

1123) vor. Dieser fromme und geistreiche Mann lebte vor rund 900 Jahren. In Baltistan (Klein-Tibet), heute eine Region im pakistanisch verwalteten Teil des Kaschmirgebietes, verschwand der Lamaismus vor sieben Jahrhunderten. Dort hatten Muslime die Menschen missioniert und alles, was an die frühere Kultur erinnerte, ausgelöscht. Unvergessen ist in Baltistan aber das Gesar-Epos, in dem der Schneemensch kurz erwähnt wird. Der Held Gesar verwandelte sich zeitweise in einen „Dremo", um die Menschen zu narren.

Aus dem 18. Jahrhundert ist eine Medizinschrift bekannt, in der Kranken „Yeti"-Fleisch als Heilmittel gegen böse Geister empfohlen wird. Darin sollen ausdrücklich verschiedene Namen für Affen, Bären und „Yetis" verwendet worden sein. Für den Bergsteiger Bruno Baumann ist dies ein Indiz, dass im Himalaja eine „noch unbekannte Primatenart" existiert. Dabei handle es sich um einen allesfressenden Hominiden, der nachtaktiv und deswegen selten gesichtet worden sei.

Über eine Sichtung des „Yeti" informierte 1832 das „Journal of the Asiatic society of Bengal". In jenem Bericht ging es um die Aussage von Brian H. Hodgson (um 1800–1894), des ersten britischen Regierungsvertreters in Nepal, bei einer Wanderung im nördlichen Nepal hätten seine einheimischen Führer eine große zweibeinige Kreatur, die mit langen, dunklen Haaren bedeckt gewesen sei und keinen Schwanz hatte, erblickt. Aus Angst seien seine Führer geflohen. Hodgson selbst hat diese Kreatur nicht gesehen, die er für einen Orang-Utan hielt.

Fußabdrücke eines „Yeti" wurden erstmals 1889 bekannt. Der britische Militärarzt Major Laurence Austin Waddell (1854–1938) berichtete damals, seine einheimischen Führer hätten eine große affenähnliche Kreatur beschrieben, die Fußabdrücke hinterlassen habe. Aus der Beschreibung schloss er,

Indischer Tibetologe Sarat Chandra Das (1849–1917)

es würde sich um einen Bären handeln. Waddell versuchte, mehr über dieses Lebewesen zu erfahren, erhielt aber stets nur Informationen aus zweiter Hand von Leuten, die von etwas erzählten, was sie einmal gehört hatten.

Der indische Tibetologe Sarat Chandra Das (1849–1917) beschrieb 1902 den „Dremo" sowohl als eine im Amdo- und Koku-Nor-Gebiet vorkommende Bärenart als auch als Fabelwesen. „Obwohl als Mensch geboren, wächst er zum ungezügelten Wilden heran", meinte er.

Während einer Expedition in den Himalaja erblickte 1906 der britische Botaniker Henry John Elwes (1846–1922) angeblich ein haariges Geschöpf, das über ein unter ihm liegendes Schneefeld lief. Sein 1915 in einer Londoner wissenschaftlichen Zeitschrift veröffentlichter Artikel über einen unbekannten Affen stieß auf kein Interesse. Der britische Bibliothekar und Autor Stanley Snaith (1903–1976) erwähnte in seinem Buch „At Grips with Everest" (1920), der britische Entdecker William Hugh Knight, ein Mitglied des „Royal Society Club", habe im selben Jahr mit eigenen Augen einen Schneemenschen gesehen.

„Von unheimlichen haarigen Wilden mit langen, wirren Locken" berichtete der amerikanische Diplomat und Autor William Woodville Rockhill (1854–1914) in seinem Buch „The Land of the Lamas" (1890). Ein alter Lama aus Revangomba hatte Rockhill über diese Geschöpfe erzählt, sie hätten sogar Steine auf Reisende geschleudert. Dieser Lama habe aufrecht gehende Bären, deren Hintertatzenabdrücke einer menschlichen Fußspur ähnelten, für Menschen gehalten. Dunkle Schatten, die über Schneehänge huschten, sah 1921 Oberst Charles Kenneth Howard-Bury (1881–1963) auf der tibetischen Nordwand des Mount Everest in mehr als 6.000 Meter Höhe. Howard-Bury führte eine Expedition von sechs

Amerikanischer Diplomat und Autor
William Woodville Rockhill (1854–1914)

28

Briten und 26 einheimischen Trägern an, die erstmals den Mount Everest besteigen wollte, was aber letztlich nicht gelang. Dort, wo die unbekannten Lebewesen aufgetaucht und verschwunden waren, stieß er später neben kleinen auch auf große Fußabdrücke. Howard-Bury glaubte, die kleinen Fußabdrücke würden von Hase und Fuchs und die großen Fußabdrücke von einem streunenden Wolf stammen. Ein Sherpa-Führer dagegen schrieb die Fußspur, die so wirkte, als sei sie von einem barfüßigen Mann erzeugt worden, einem „Yeti" oder „Mehteh Kangmi" zu. Dies sei eine menschenähnliche Bestie, die auf Bergen im Schnee lebe.

Nach Rückkehr der „Everest Reconnaissance Expedition" von Howard-Bury interviewte der für die Zeitung „The Statesman" in Kalkutta arbeitende Reporter Henry Newman einige Träger. Newman übersetzte irrtümlich oder bewusst den einheimischen Begriff für „schmutzig" als „abscheulich". Deswegen verwendete er in seinen Artikeln, die er an Zeitungen verschickte, die Worte „schrecklicher Schneemann" oder „abscheulicher Schneemann". Es kursiert aber auch eine andere Version dieser Geschichte, die besagt, in einem Büro in Kalkutta habe der Reporter Newman diese Story zufällig aufgeschnappt. Wie dem auch sei: Newman schrieb, die erste Mount-Everest-Expedition habe eine „schreckliche Kreatur", einen „abominable Snowman" („abscheulicher Schneemensch"), entdeckt. Auf diese Weise kamen die haarigen, wilden Männer im Himalaja zu ihrem englischen Namen „abominable Snowman", der heute noch üblich ist und als „ABSM" abgekürzt wird.

Der mit 8.848 Metern höchste Berg der Erde hieß in der ersten Hälfte des 19. Jahrhunderts zunächst „Peak b" und später „Peak XV" („Gipfel 15"). Der britische Geodät Andrew Scott Waugh (1810–1878) benannte diesen Berg 1856 nach seinem

Britischer Geodät
Sir George Everest (1790–1866)

Kollegen und Landsmann Sir George Everest (1790–1866) als Mount Everest. Everest war Leiter der „Großen Trigonometrischen Vermessung Indiens und Surveyor General of India" und Waugh sein Nachfolger gewesen.

In Nepal wird der höchste Berg der Erde als Sagarmata („Stirn des Himmels"), in Tibet als Qomolangma („Mutter des Universums") und in China als „Zhumùlangma Fend" (phonetische Wiedergabe des tibetischen Namens) bezeichnet. In Deutschland ist die Schreibweise „Tschomolangma" und in England „Chomolungma" üblich.

Die Londoner Zeitung „The Times" berichtete am 2. November 1921, der Engländer William Hugh Knight habe unweit von Gangtok in Sikkim einen Schneemenschen erblickt. Dieses Lebewesen sei trotz der großen Kälte völlig nackt gewesen. In Wirklichkeit hatte Knight, wie sich später herausstellte, nur einen asketischen Hindu-Einsiedler namens Sadhu gesehen, der in einer Höhe bis zu 5.000 Meter lebte.

„Die Yetis sind Kinder Gottes so gut wie wir, nur haben sie so lange in Haß und in der Furcht vor ihren Mitmenschen gelebt; sie haben die Eigenschaft, zu hassen und zu fürchten, in einem solchen Grade entwickelt, daß sie heute ganz von ihren Mitmenschen abgesondert sind, ja sogar vollständig vergessen haben, daß sie von der menschlichen Rasse abstammen, und sich tatsächlich für die wilden Geschöpfe halten, als die sie sich heute präsentieren. Sie sind auf diesem Weg immer weiter gegangen, bis sie sogar den Instinkt der wilden Tiere verloren haben, denn diese spüren ganz genau, welches menschliche Wesen ihnen Liebe entgegenbringt, und sie erwidern diese Liebe. Wir können nichts weiter sagen, als daß der Mensch immer das erschafft, auf das sich seine Vorstellungskraft richtet, und wenn er sich von Gott und den Menschen absondert, kann er tiefer sinken als das Tier." Dies schrieb der

Deutscher Forschungsreisender
Wilhelm Filchner (1877–1957)

amerikanische Autor Baird T. Spalding (1872–1953) im ersten Band seiner Buchreihe „Life and Teaching of the Masters of the Far East", der 1924 erschien. Spalding hatte von 1894 bis 1898 eine Forschungsreise im Himalaja unternommen.

Der griechische Fotograf und Geologe Nikolaos A. Tombazis (1894–1986) sah 1925 in etwa 5.000 Meter Höhe nahe des Zemu-Gletschers in Sikkim (Indien) eine wie ein Mensch gebaute Kreatur, die dunkler als der Schnee und unbekleidet war. Tombazis (in der Literatur oft als Tombazi erwähnt) beobachtete dieses Wesen aus einer Entfernung von ungefähr 180 bis 280 Metern. Diese Kreatur ging aufrecht und blieb manchmal stehen, um an einem Zwergrhododendron zu ziehen oder ihn auszureißen. Beim Abstieg entdeckten Tombazis und seine Begleiter kleine Fußabdrücke, die 15 bis 17 Zentimeter lang und fünf Zentimeter breit waren und von einem Zweibeiner zu stammen schienen. Nach den Beschreibungen könnte ein Bär diese Fußabdrücke erzeugt haben.

Ein früher Hinweis, dass die Fußabdrücke von Bären und Menschen einander ähneln, war in Zedlers „Universal-Lexicon" von 1733 nachzulesen: „Die Spur vom Bär und von der Bärin ist nicht anders, als wenn ein grosser Mensch mit blossen Füssen gegangen wäre, und ist nicht wie bey anderen Thieren die vordere Spur bey ihnen grösser, sondern die hintere wegen des Sitzen und Stehens."

„Der Bär ist bei den Chinesen und Tibetern ein sehr gefürchteter Geselle", hieß es in dem Buch „Tschung-Kul" (1925) des deutschen Geophysikers und Forschungsreisenden Wilhelm Filchner (1877–1957), der sich wiederholt im Osten von Tibet aufgehalten hatte. Und er fügte hinzu, in der Volkssprache heiße Meister Petz kurzweg „der starke Mann" oder „der wildhaarige Bergmensch". Sein Erscheinen erfülle die Eingeborenen mit unbeschreiblicher Angst. Vor seiner Reise nach Tibet sei er nachdrücklich gewarnt worden, dort würde er Bären treffen, die tellergroße Feueraugen hätten. Ein Bär überträfe an Größe und Stärke drei Männer.

Der britische Zoologe Leonard Harrison Matthews (1901–1986) wies in der „Encyclopaedia Britannica" unter dem Stichwort „Abominable Snowman" darauf hin, an Menschenfährten erinnernde Bärenspuren könnten auch dann entstehen, wenn der Abdruck des Hinterfußes den des Vorderfußes teilweise überdeckt. Matthews meinte auch, fährtenähnliche Eindrücke im Neuschnee könnten von talwärts rollenden Schneeklumpen oder Felsblöcken herrühren.

Der in Kalkutta lebende Autor Desmond Doig (1920–1983) machte darauf aufmerksam, harmlose Fährten kleiner Vierfüßler könnten durch das außergewöhnliche Zusammenwirken von Sonnenbestrahlung in großer Höhe und schmelzendem Schnee zu sonderbaren, verzerrten Pseudo-Fährten werden. Doig war zusammen mit dem Bergsteiger Sir Edmund Hillary einer der Autoren des Buches „Schneemensch und Gipfelstürmer. Die Hillary-Expedition 1960/1961" (1963).

1936 entdeckte der britische Botanist und Geograph Ronald Kaulback (1909–1995) nahe Bumthang Gompa (Nepal) in etwa 4.800 Meter Höhe große Fußabdrücke eines „Schneemenschen". Im selben Jahr stieß auch der britische Bergsteiger Eric Eale Shipton (1907–1977) bei seinem Rückmarsch vom Mount Everest nach Katmandu auf Fußabdrücke des „Yeti".

Ein britischer Reisender namens Bald fand 1937 merkwürdige Fußabdrücke auf dem Biafua Gletscher im Karakorum-Gebirge zwischen Himalaja und Hindukusch. Der britische Botaniker und Bergsteiger Frank Smythe (1900–1949) berichtete 1937 über Fußspuren im Schnee, die er auf etwa

4.200 Meter Höhe im Bhyundar Valley in Garwhal (Indien) gesehen hatte. Diese Fußabdrücke waren mit 13 Zentimeter Länge und fünf Zentimeter Breite nicht besonders groß. Smythe rechnete die Fußabdrücke einem Bären zu. Der in Indien geborene britische Offizier Baron John Hunt (1910–1998) fand 1937 Fußabdrücke auf dem Zemu Gap bei Menlung in Bengalen. Er leitete 1953 eine britische Expedition auf den Mount Everest.

Mancherlei Spekulationen, in denen „Schneemenschen" eine Rolle spielten, rankten sich um verwüstete Steinhaufen auf dem Gipfel eines heiligen Berges über dem Mönchskloster Rongbuk in Tibet. Obwohl solche von Bergsteigern aufgeschichteten Steinhaufen für Einheimische tabu sind, fand man sie 1938 zerstört vor. Ein Teil der Steine, die man dort aufgetürmt hatte, war fortbewegt worden.

Ebenfalls 1938 entdeckte der britische Bergsteiger und Segler Harold William Bill Tilman (1898–1977) in etwa 5.800 Meter Höhe auf dem Zemu Gap bei Menlung in Bengalen rätselhafte Fußabdrücke. Über merkwürdige Schreie und fallende Felsen berichtete 1938 die erste amerikanische Expedition ins Karakorum-Gebirge zwischen Himalaja und dem Hindukusch. Prinz Peter von Griechenland erzählte 1939 eine Geschichte, die er in Sikkim gehört hatte. Eingeborene hätten beobachtet, wie sich ein „Yeti" auf einen mit Gerstenbier gefüllten Trog gestürzt und sich mit diesem alkoholischen Getränk bis zur Bewusstlosigkeit berauscht habe. Man habe den betrunkenen „Yeti" gefesselt, doch dieser hätte nach dem Erwachen die Stricke zerrissen und sei geflohen. Gewährsmann dieser heiteren Begebenheit soll Nyima, der Beauftragte des Minister Kabschopa, gewesen sein.

Bereits Anfang der 1940-er Jahre beschrieb der deutsche Zoologe und Tibetforscher Ernst Schäfer (1910–1992)

Britischer Bergsteiger und Segler
Harold William Bill Tilman (1898–1977)

ausführlich den Tibetbären, der hoch aufgerichtet „eine wilde, fast menschenähnliche Gestalt" annehme. Von anderen Braunbären zeichne er sich durch sein „langes und dichtes Haarkleid"" und „sehr starke Schädelentwicklung" aus. Damit lieferte Schäfer eine logische Erklärung, die eigentlich schon vor etlichen Jahrzehnten den „Yeti" entzaubern hätte können. Schäfer hatte 1930, 1934 und 1938 an drei Expeditionen nach Tibet teilgenommen. Die beiden ersten Expeditionen von 1930 und 1934 leitete der amerikanische Abenteurer Brooke Dolan (1908–1945).

1934 bat der chinesische General Liu Hsiang, der damalige Warlord der Provinz Setchuan, den deutschen Forscher Ernst Schäfer, dieser solle das Geheimnis des „Yeti lüften und ihm ein Pärchen der langhaarigen Schneemenschen für seinen zoologischen Garten mitbringen. 1935 erlegte Schäfer in Innertibet, dem Quellgebiet des Yangtsekiang, zahlreiche „Yetis" in Gestalt des mächtigen Tibetbären. Im Juli 1998 schenkte seine Witwe Ursula Schäfer dem Bergsteiger Reinhold Messner für seine Sammlung in Juval den Kopf und das Fell eines „Chemo", den ihr Mann einst in Osttibet erlegt hatte. Führer der dritten Expedition namens „Deutsche Tibet-Expedition Ernst Schäfer" war 1938 der deutsche Zoologe und „SS"-Sturmbannführer Schäfer. Diese Expedition erfolgte im Auftrag der „SS"-Organisation „Ahnenerbe". Dabei sollte erforscht werden, ob in tibetisch-buddhistischen Schriften etwaige Spuren einer „arischen" Religion zu finden seien. Nach einer gewagten „Welteislehre", an die manche Nationalsozialisten glaubten, soll die nordische Rasse direkt vom Himmel abstammen. Allen Erstes spekulierte man, der „Yeti" sei ein „kälteresistenter Ur-Germane".

Ernst Schäfer wies – nach eigenen Angaben – in Veröffentlichungen des „Senckenberg-Museums" in Frankfurt am

Deutscher Zoologe und Tibetforscher
Ernst Schäfer (1910–1992)

Main die Identität des „Yeti" mit Fotos und Fellen des Tibetbären nach. 1938 baten ihn die britischen Bergsteiger Frank Smythe und Eric Eale Shipton, die 1933/1935 „Yeti-Spuren" entdeckt und Fotos davon in „London Illustrated News" sowie „Paris Match veröffentlicht hatten, seine Enthüllung nicht auch noch in der britischen Presse zu publizieren. Das Geheimnis dürfe nicht gelüftet werden. Die Presse gebe sonst kein Geld mehr für ihre nächsten Expeditionen zum Mount Everest.

Als schlimmer Unfug gilt die Theorie, der „Yeti" sei eine Kreuzung zwischen einem Eisbären und dem Crô-Magnon-Menschen, der nach Funden aus der Höhle Crô-Magnon bei Les Eyzies-de-Tayac (Departement Dordogne) in Frankreich benannt ist. Die Eisbären seien einst eine Art Haustier und Pflanzenfresser gewesen und hätten damals mit den Crô-Magnon-Menschen friedlich zusammengelebt, so wie es heute bei Hunden und Menschen der Fall ist. Eisbären und Menschen hätten in Zelten und Höhlen geschlafen und miteinander Kinder, nämlich die „Yetis", gezeugt. In der Steinzeit zwischen etwa 50.000 und 20.000 v. Chr. hätten noch etwa 12.000 „Yetis" gleichzeitig mit den Crô-Magnon-Menschen existiert. Als die Crô-Magnon-Menschen ausstarben, hätten deren Nachfolger die „Yetis" gejagt, die sich in die Schnee- und Eisregionen zurückgezogen hätten.

Während der Wirren des Zweiten Weltkrieges (1939–1945) kamen das Bergsteigen und die wissenschaftliche Erforschung des Himalaja zum Erliegen. Dies ist der Grund dafür, dass aus jener schrecklichen Zeit kaum „Yeti"-Sichtungen bekannt sind.

Zwei vermeintliche „Yetis", die ruhig dahintrotteten, wurden im März 1942 von fünf bereits 1940 aus einem sowjetischen Arbeitslager in Nordsibirien geflohenen Häftlingen gesichtet.

*Rekonstruktion einer Crô-Magnon-Frau
im Neanderthal-Museum bei Mettmann*

*Eisbären und Crô-Magnon-Menschen sollen
nach einer Theorie einst in Zelten und Höhlen geschlafen
und miteinander Kinder, nämlich die „Yetis",
gezeugt haben. Obiges Foto
zeigt kämpfende Eisbären in Kanada.*

Die Männer hatten sich entlang des Baikalsees, über mehrere Gebirge und durch die Wüste Gobi bis nach Indien durchgeschlagen. Auf dem Weg durch die Vorberge des Himalaja nach Indien erblickten sie beim Abstieg vom letzten Berg in einigen hundert Meter Entfernung zwei dunkle Flecken im Schnee, die sich bewegten. Zunächst vermuteten die Flüchtlinge es handle sich um Tiere und hofften, diese erlegen und ihr Fleisch braten zu können. Als die Männer näher kamen, verloren sie diese Geschöpfe vorübergehend aus den Augen. Doch von einem Felsvorsprung aus sahen sie die beiden Lebewesen in etwa 100 Meter Entfernung und einige Meter tiefer als der Felsen wieder. Einer der Flüchtlinge war der polnische Kavallerieoffizier Slavomir Rawitsch (1915–2004), der diese Sichtung in seinem Buch „Der lange Weg" (1955) schilderte. Ihm fiel auf, dass die beiden Geschöpfe ungewöhnlich groß waren und aufrecht gingen. Dank seiner artilleristischen Erfahrung schätzte er die Größe der zwei Lebewesen auf ungefähr 2,40 Meter. Das einige Zentimeter kleinere Geschöpf hielt er für ein Weibchen, das größere für ein Männchen. Die merkwürdigen Wesen trotteten ruhig auf dem Weg hin und her, auf dem die Flüchtlinge den Berg hinabsteigen wollten. Sie hatten die Menschen gesehen, zeigten aber keine Furcht vor ihnen, sahen sich manchmal um, als ob sie auf der Hut seien, und drehten ihre Köpfe zu den Menschen hin. Die zwei Kreaturen hatten kantige Schädel mit anliegenden Ohren, flach abfallende Schultern, einen mächtigen Brustkorb sowie lange Arme bis zu den Knien. Ihre Körper waren dicht mit rötlichen Haaren bedeckt, zwischen denen sich lang herabhängende graue Strähnen befanden. Ihre Gestalt hatte Merkmale von Orang-Utans und von Bären, aber man konnte sie angeblich mit keinem dieser Tiere verwechseln. Erst viele Jahre später, als Rawitsch mehr-

42

fach Berichte wissenschaftlicher Expeditionen zur Erforschung des Schneemenschen las und die Beschreibungen von Augenzeugen las, vermutete er, zwei „Yetis" gesichtet zu haben.

Einen Fußabdruck vom „Yeti" entdeckte angeblich Peter Byrne 1948 nahe des Zemu-Gletschers im Norden von Sikkim (Indien). Der Brite war an einem Einsatz der „Royal Air Force" in Indien beteiligt und hatte damals Urlaub gemacht.

1948 berichtete die Londoner Zeitschrift „Country Life" unter der Überschrift „Snowman or Monkey?" über die Sichtung eines „schrecklichen Schneemenschen" in Liddarwat nahe Srinagar in Kashmir bei der Expedition von W. W. Wood, Major Kirkland und Captain John B. Maggs. Die Beschreibung dieses Lebewesens passte gut zu einem Languraffen *(Semnopithecus)*, der teilweise mehr als einen Meter groß werden, auf zwei Beinen stehen und kurzzeitig auch hüpfen kann. Nur die Größenangabe, der Schneemensch sei mannshoch gewesen, fiel etwas aus dem Rahmen.

Mit einer unwahrscheinlichen Geschichte über eine gefährliche Begegnung mit zwei „Yetis" im zu Sikkim gehörenden Teil des Himalaja wartete der norwegische Uranschürfer Jan Frostis auf. Er und sein Landsmann Aage Thorberg vermaßen 1948 das Gebiet des Zemu-Gletschers. Ihr Lager befand sich dicht unterhalb des etwa 5.000 Meter hohen Passes Zemu-Gap. An einem Morgen sahen die beiden Norweger im Schnee um ihr Zelt frische Fußabdrücke und in weiter Ferne zwei dunkle Punkte. Beim Blick durch das Fernglas meinten Frostis und Thorberg, es handle sich um Menschen, und liefen ihnen hinterher. Als die Norweger näher kamen, erkannten sie angeblich erstaunt zwei „Yetis". Diese gingen aufrecht, hatten eine Größe wie Menschen, aber ihre Körper waren mit einem langen, zottigen Fell bedeckt. Eilig

Languraffe (Semnopithecus),
Illustration von 1852

knoteten die beiden Norweger – nach eigener Aussage – einen Strick zu einem Lasso zusammen und brachten damit eines der zwei Ungeheuer in ihre Gewalt. Doch das gefangene Geschöpf habe mit einer einzigen Bewegung das Seil entzwei gerissen, sei sofort über Frostis hergefallen, habe diesen mit einem wuchtigen Schlag zu Boden gestreckt und in die Schulter gebissen. Erst als Thorberg einen Schuss abfeuerte, seien die Ungeheuer erschrocken geflüchtet. Mit einer großen Bisswunde an der Schulter sei Frostis ins Hospital von Darjeeling gebracht worden. Dort bestätigten die Sherpas der beiden Norweger, dass Frostis von einem „Yeti" übel zugerichtet worden sei.

Ein Dorfbewohner aus Pangboche in Nepal namens Mingma soll 1949 seltsame Schreie gehört und einen Schneemenschen gesehen haben. Dieser Augenzeuge suchte angeblich Zuflucht in einer Steinhütte und beobachtete von dort aus das merkwürdige Geschöpf. Im November 1949 soll ein Schneemensch nahe des buddhistischen Klosters von Pangboche aus dem Wald gekommen sein. Zahlreiche Mönche wurden Augenzeugen, schrieen, schlugen Gongs und bliesen Trompeten, ehe der „Yeti" verschwand.

Etwa 25 Schritte von ihnen entfernt erblickten 1950 der Sherpa Sen Tensing und andere Augenzeugen unweit von Tengboche in Nepal einen Schneemenschen. Ebenfalls in jenem Jahr sah der Sherpa Lakpa Tensing einen kleinen Schneemenschen. Angeblich saß dieser auf einem Felsen. 1950 soll auch der tibetische Lama Tsangi einen Schneemenschen erspäht haben. Der britische Bergsteiger Eric Eeale Shipton (1907–1977) fotografierte am Nachmittag des 8. November 1951 in Begleitung seines Landmanns Michael Ward (1925–2005) und des Sherpa Sen Tensing am Melungtse-Gletscher im Himalaja in etwa 6.500 Meter Höhe eine lange Spur mit rätselhaften

Fußabdrücken. Eines der Fotos mit einem menschenähnlichen Fußabdruck und einem als Maß daneben gelegten Eispickel ging um die Welt. Jeder der ovalen Fußabdrücke mit einer auffallend vortretenden großen Zehe war mehr als 30 Zentimeter lang und sehr breit. Sie sollen von einem riesengroßen, sehr schweren und auf zwei Beinen gehenden Wesen erzeugt worden sein. Manche Kryptozoologen glaubten, diese Aufnahmen seien der beste Beweis für die Existenz des „Yeti". Andere Experten dagegen meinten, diese Abdrücke stammten von Tieren und seien durch den schmelzenden Schnee verzerrt und vergrößert worden. Der bereits erwähnte Anthropologe John Napier studierte intensiv diese Abdrücke und kam zu dem Schluss, sie stammten nicht von einem Menschen, aber auch nicht von einem Affen oder einem affenähnlichen Tier. Kein anderes Lebewesen auf der ganzen Welt könnte so eine Spur hinterlassen.
Wenn sie nicht existierte, würde er nicht zögern, den „Yeti" als Phantasiegebilde abzutun. So wie es aussehe, müsse der Fall ungelöst bleiben. Shipton selbst nahm seine Fotos offenbar nicht so ernst wie andere. In einem Kommentar der Londoner Tageszeitung „Times" meinte er ironisch, er sei erstaunt, dass sich die Naturwissenschaft, nicht aber die psychologische Forschung für seine Entdeckung interessierte.
Im Frühjahr und im Herbst 1952 versuchten zwei schweizerische Expeditionen vergeblich, den Mount Everest auf der nepalesischen Südseite zu bezwingen. Seit dem Einmarsch von Truppen der Volksrepublik China 1950 in Tibet durften dort keine Ausländer mehr einreisen und war somit die Nordseite des Mount Everest nicht mehr erreichbar. Inzwischen hatte aber das Königreich Nepal, das zwischen 1815 und 1945 die Einreisung und damit die Erkundung des Himalaja verwehrte seine Blockadehaltung aufgegeben und

einzelne Expeditionen genehmigt. Am 28. Mai 1952 ver-
brachten der schweizerische Bergsteiger Raymond Lambert
(1914–1997) aus Genf und der Sherpa Tenzing Norgay (1914–
1986), ein ehemaliger Yak-Hirte aus Tibet, die Nacht zusammen in einem kleinen Zelt auf der Südwand. In dieser
Nacht war es klirrend kalt. Die Beiden hatten keinen Schlafsack, keinen Kocher und kaum Proviant. Um ihren Durst zu
löschen, schmolzen sie Eis, das sie in eine leere Konservendose
legten, die sie mit einer Kerze erhitzten. Die beiden Bergsteiger
verstanden sich sehr gut, obwohl der Schweizer Lambert kaum
Englisch und der Tibeter Tenzing kein Französisch sprach.
Am folgenden Tag, dem 29. Mai 1952, stiegen die beiden
Männer – teilweise auf allen vieren – bis auf eine Höhe von
etwa 8.600 Meter weiter. Sie standen bereits ungefähr 150
Meter unter dem Gipfel – so hoch wie niemand zuvor. Doch
Raymond Lambert und Tenzing Norgay mussten umkehren,
weil es entsetzlich kalt und zweifelhaft war, ob der mitgeführte
Sauerstoff ausreichen würde. In tiefer Freundschaft verbunden
schenkte Lambert dem Sherpa Tensing einen roten Schal, den
er bis auf 8.600 Meter Höhe getragen hatte.
Auch der schweizerischen Expedition unter Führung des
Mediziners Edouard Wyss-Dunant (1897–1983), an der
ebenfalls Tenzing Norgay teilnahm, gelang es im Herbst 1952
nicht, auf der Südseite den Gipfel des Mount Everest zu
besteigen. Wyss-Dunant und Norgay stießen bei diesem
Vorhaben auf mysteriöse Fußabdrücke.
Am 29. Mai 1953 erfüllte sich für Tenzing Norgay sein
Lebenstraum. Er schaffte es, zusammen mit dem neusee-
ländischen Bergsteiger Edmund Hillary (1919–2008), den
Mount Everest, den höchsten Berg der Erde, zu besteigen.
Bei diesem Abenteuer trug Tenzing den roten Schal, den ihm
Raymond Lambert geschenkt hatte. So sehr Tenzing die

*Neuseeländischer Bergsteiger
Edmund Hillary (1919–2008), links,
und Sherpa Tenzing Norgay (1914–1986),
die Erstbesteiger des Mount Everest*

Leistung des Neuseeländers auch schätzte, er hätte lieber dem Schweizer Lambert diesen Erfolg gegönnt. Tenzing gab Lambert hinterher den roten Schal wieder zurück, der später in seinem Wohnzimmer den Hals eines Buddha aus Teakholz schmückte.

Beim Aufstieg auf der nepalesischen Südseite des Mount Everest sollen Hillary und Norgay große Fußabdrücke bemerkt haben. Doch Hillary, der noch 1963 zum Sir geadelt wurde, bezeichnete später die „Yeti"-Berichte als unseriös. Nach seiner Ansicht entstanden vermeintliche Schneemenschen-Spuren nur durch Füchse, Bären oder andere Tiere, wenn die Sonne den Schnee um Fußabdrücke schmelzen ließ. Der Sherpa Norgay erklärte in seiner ersten Autobiografie, er halte den „Yeti" für einen großen Affen. Er selbst habe noch nie einen „Yeti" erblickt, doch sein Vater habe zweimal einen solchen gesehen. In seiner zweiten Autobiografie äußerte sich Norgay skeptischer über die Existenz des „Yeti".

Ebenfalls 1953 behauptete der tibetische Mönch Chemed Rigduzin Lopu, er habe in zwei Klöstern zwei mumifizierte Exemplare eines riesigen „Yeti" untersucht. Weil die Tibeter meisterlich die Mumifizierungskunst beherrschen, hoffte man, diese beiden Exemplare könnten die Frage beantworten, ob „Yetis" tatsächlich Nachfahren des prähistorischen Menschenaffen *Gigantopithecus* sind. Doch 1959 wurde Tibet von China einverleibt und Tausende von Klöstern wurden zerstört. Seitdem erfuhr man über die mumifizierten „Yetis" nichts mehr.

Die Londoner Zeitung „Daily Mail" richtete 1954 und 1957 Expeditionen im nepalesischen Teil des Himalaja aus. Bei der „Daily Mail Snowman Expedition" von 1954 fotografierte der Bergsteiger John Angelo Jackson (1921–2005) im Kloster Tempoche symbolische Gemälde des „Yeti" und andernorts

Britischer Bergsteiger John Angelo Jackson
(1921–2005), links,
mit Ehefrau Eileen,
im Hintergrund der Annapurna II

im Schnee viele Fußabdrücke, deren Erzeuger man nicht immer identifizieren konnte. Am 14. März 1954 erschien in der „Daily Mail" ein Artikel über Haarproben aus einem vermeintlichen „Yeti-Skalp", den die von der Zeitung finanzierte Expedition im Kloster Pangboche (Nepal) gefunden hatte. Nach der Untersuchung dieser Haare zog der Anatom Frederic Wood Jones (1879–1954) den Schluss, dass sie nicht von einer Kopfhaut und auch nicht von einem Bären oder Menschenaffen, sondern von der Schulter eines Huftieres stammten. Der vermeintliche „Yeti-Skalp" im Kloster Pangpoche wurde später gestohlen.

1955 fotografierte der Geologe Abbe Pierre Bordet (1914–1996), der an einer französischen Expedition auf den Berg Makalu in Nepal teilnahm, ungewöhnliche Fußabdrücke. Eine argentinische Bergsteiger-Expedition unter Führung des Bergsteigers E. Huerta berichtete in jenem Jahr, einer ihrer Lastenträger sei von einem „Schneemenschen" getötet worden. Weitere Details dieses schrecklichen Vorfalls wurden nicht bekannt. Ein anderer Bergsteiger-Club fand rätselhafte Fußabdrücke.

Im Juni 1955 entdeckte L. W. Davies im Kuli-Tal im indischen Distrikt Lahul zahlreiche fünfzehige Fußabdrücke, die nach seiner Ansicht nicht von Bären stammten. Jeder Abdruck im Schnee war mindestens 30 Zentimeter lang und etwa 20 Zentimeter breit. Manchmal war der Eindruck etwa 28 Zentimeter in den Schnee eingetieft, während der 89 Kilogramm schwere Davies selbst kaum vier Zentimeter tief einsank. Demnach musste der Erzeuger dieser Fußabdrücke viel schwerer als Davies gewesen sein. Nach den beobachteten Fußspuren zu schließen, hatte deren Erzeuger mindestens fünf eisig kalte Gletscherbäche durchquert und sich nirgendwo vierbeinig fortbewegt. Die Schrittlänge war fast doppelt so

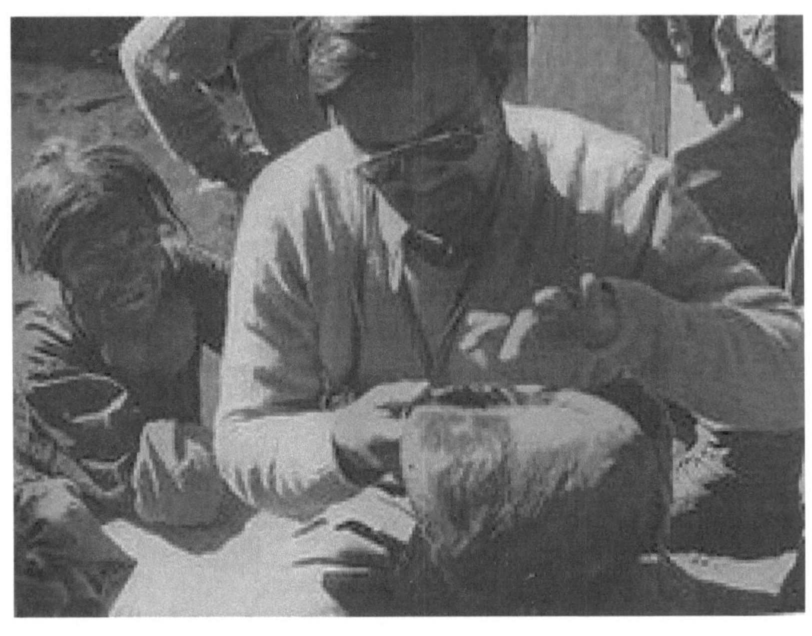

Der indische Zoologe Dr. Biswamoy Biswas (1923–1994)
untersucht während
der „Daily Mail Snowman Expedition" 1954
den vermeintlichen „Yeti-Skalp"
aus dem Kloster Pangboche (Nepal).
Dieses Foto stammt von dem britischen Bergsteiger
John Angelo Jackson (1921–2005).

groß wie bei einem Menschen. Die Sherpas von Davies glaubten fest daran, dass ein „Yeti" diese Fußabdrücke hinterlassen habe.

1956 behauptete der amerikanische Autor John Keel (1930–2009), er habe zwei Tage lang Schneemenschen verfolgt und beobachtet. Zuletzt habe er diese in einem Sumpf gesehen. Keel hatte ein Faible für Übersinnliches und befasste sich vor allem mit paranormalen Phänomenen. 1957 erschien sein erstes Buch „Jadoo", das auf einer Indienreise basierte und Geheimnisse von Fakiren schilderte. Ab Mitte der 1960-er Jahren interessierte er sich für unbekannte fliegende Objekte („UFO"). 1975 schilderte er in seinem Buch „The Mothman Prophecies" Ereignisse, die ihm zustießen, als er sich mit einem sagenhaften geflügelten Wesen namens „Mothman" beschäftigte.

Der texanische Öl-Millionär Tom Slick (1916–1962) schickte ab 1957 einige Expeditionen in den Himalaja, bei denen angebliche „Yeti"-Berichte untersucht werden sollten. Bei der ersten Slick-Expedition fand man an drei weit voneinander entfernten Stellen Fußabdrücke, Exkremente und Haare. Zwei Sherpas erzählten Slick, sie hätten in diesem Jahr einen Schneemenschen erblickt. Die Expeditionsmitglieder Peter Byrne und Bryan Byrne sollen mit eigenen Augen im Arun Valley einen Schneemenschen gesehen haben.

Bei der zweiten Slick-Expedition im Jahre 1958 stießen zwei Sherpas und Gerald Russel unweit eines Flusses auf einige Fußabdrücke. Das Expeditionsmitglied Godwin Spani berichtete über eine Begegnung mit einem Schneemenschen.

1958 fotografierte das Expeditionsmitglied Peter Byrne im Kloster Pangboche in Nepal eine angebliche „Yeti"-Hand. Seine Bilder von dieser so genannten „Pangboche-Hand" waren die ersten Fotos, die davon im Westen bekannt wurden.

1959 fand die dritte Slick-Expedition Fußabdrücke und Fäkalien, die vom „Yeti" stammen sollen. Bei einer Analyse der Fäkalien stellte man eine unbekannte Parasitenart fest.

Der Kryptozoologe Bernard Heuvelmans schrieb hierüber, jedes Tier habe seinen eigenen Parasiten. Dies deute auf ein Wirtstier hin, das noch unbekannt sei. Dorfbewohner in Nepal erzählten Slick, „Yetis" hätten in den letzten vier Jahren einige Dörfer überfallen, Tierherden angegriffen und fünf Menschen erschlagen.

Expeditionsteilnehmer Peter Byrne entwendete 1959 angeblich Teile der bereits erwähnten „Pangboche-Hand" und ersetzte diese durch menschliche Knochen. Die gestohlenen Teile soll er aus Nepal nach Indien geschmuggelt haben. Weil seine Expeditionen nicht die erhofften spektakulären Forschungsergebnisse bescherten, verlegte sich der Millionär Slick später auf die Suche nach dem nordamerikanischen Affenmenschen „Sasquatch".

Ähnliche Fußspuren, wie sie 1951 der Bergsteiger Eric Eale Shipton fotografiert hatte, entdeckte 1958 der Filmemacher Norman Dyhrenfurth. Er ist der Sohn des deutsch-schweizerischen Geologen und Bergsteigers Günter Oskar Dyhrenfurth (1886–1975). Vater und Sohn waren fest von der Existenz des „Yeti" überzeugt. Im Arun-Gebiet will Norman Dyhrenfurth auch Lagerplätze von Affen oder Menschenaffen gefunden haben.

Ab 1958 befasste sich die „Sowjetische Akademie der Wissenschaften" mit dem „Yeti" im Himalaja. Weil diese Akademie auch Berichte über ähnliche Lebewesen auf Bergen im sowjetischen Zentralasien erhielt, richtete sie eine Sonderkommission ein. Diese sollte Beweismittel sammeln und führte 1958 eine Expedition in den Pamir durch, um dort die Existenz des „Schneemenschen" zu belegen. Die Pamir-Expedition

54

verlief erfolglos und das offizielle Interesse an diesem Thema erlosch. Nach der endgültigen Auflösung der Sonderkommission 1960 setzten aber Professor Boris Porschnew und einige seiner Kollegen ihre Studien inoffiziell innerhalb des „Seminars für Relikthominiden" fort, das Kurator Pjotr Smolin im Moskauer „Darwin-Museum" eingerichtet hatte. Jenem Seminar trat 1964 Dmitri Bayanow bei, der ab dem Tod von Smolin 1975 den Vorsitz übernahm.

An der Suche nach dem geheimnisvollen Schneemenschen im Himalaja beteiligten sich 1959 auch zwei japanische Expeditionen. Sowohl die Expedition unter Führung von Professor Teizo Ogawa als auch jene unter Führung von Fukuoka Daigaku fanden Fußabdrücke vermeintlicher „Yetis". Der amerikanische Filmschauspieler James Stewart (1908–1997) soll 1960 die im Vorjahr von Peter Byrne gestohlenen Teile der „Pangboche-Hand" illegal in seinem Gepäck mitgeführt haben, als er von Indien nach London flog. Auf diese kuriose Geschichte stieß der Kryptozoologe Loren Coleman, als er in den 1980-er Jahren eine Biografie über Tom Slick schrieb.

Zwecks Erforschung des „Yeti" leitete Sir Edmund Hillary von September 1960 bis Juni 1961 die von „World Book Encyclopedia" (Chicago) gesponserte „Himalayan Scientific and Mountaineering Expedition" in die Grenzregion zwischen Nepal und Tibet. Zunächst führte diese in jene Gegend, in der Eric E. Shipton 1951 am Melungtse-Gletscher seine spektakulären Fotos einer vermeintlichen „Yeti"-Fußspur geglückt waren. Falls ein lebender „Yeti" aufgespürt werden sollte, durfte dieser – einer offiziellen Anweisung der nepalesischen Regierung zufolge – nicht getötet oder gefangengenommen werden. Die Expedition entdeckte aber nur zahlreiche verdächtige Fußabdrücke im Schnee und Felle, die

Amerikanischer Filmschauspieler
James Stewart (1908–1997

angeblich von „Yetis" stammten. Von ihrer Expedition brachten Sir Edmund Hillary und der amerikanische Zoologe Marlin Perkins (1905–1986) einen vermeintlichen „Yeti"-Skalp mit, der im buddhistischen Kloster von Khumjung in der Kumbu-Region in Nepal als Reliquie aufbewahrt wurde. Bei genauerer Untersuchungen in Chicago, Paris und London entpuppte sich die angeblich 200 Jahre alte „steinharte Lederkappe mit ihren roten Borsten" nur als Haut einer wilden ziegenähnlichen Bergantilope („Serow"). Für Tibeter war diese Reliquie nie im westlichen Sinn ein Stück vom „Yeti", sondern nur eine symbolische Kopie. Weitere Felle, die von der Expedition erworben worden waren, stammten von tibetischen Bären. Ein anderer angeblicher „Yeti"-Skalp im buddhistischen Kloster Pangboche aus der Kumbu-Region in Nepal soll auf mysteriöse Weise verschwunden sein.

Schon seit mehr als einem Jahrhundert kursierten Gerüchte, in entlegenen tibetischen Klöstern würden vollständige „Yeti"-Mumien aufbewahrt. Doch noch nie hat ein Forscher, Reisender oder Bergsteiger eine solche Mumie gesehen. Allerdings erzählte der Lama Chhemed Riglizin Dorje Lopen, der nach der Entmachtung des Dalai Lama durch die Chinesen nach Indien geflohen war, er habe mit eigenen Augen eine derartige Mumie erblickt. Im Sakya-Kloster nahe Shigates im westlichen Tibet habe ihm der Abt geheime Verließe zugänglich gemacht. Dort hätten in großen Sarkophagen zahlreiche berühmte Lamas und Lehrer ihren letzten Schlaf gehalten. In einem der Verließe habe er eine Mumie zu Gesicht bekommen. Man habe ihm gesagt, vier weitere solcher Mumien lägen in Kellern des Klosters. Flüsternd deutete man an, dabei handle es sich jeweils um einen „Mehteh Kangmi". Diesen Namen trage der „Unfassbare des Eises", den man auch Schneemensch nennt. Der Lama sah kurz danach ein

*Vermeintlicher Skalp eines „Yeti"
aus dem Kloster Pangboche in Nepal*

zusammengeschrumpftes, vollkommen mumifiziertes Geschöpf, das auf der Seite lag und ihm wie die Mumie eines Riesenaffen erschien.

Beim alljährlich im Oktober oder im November stattfindenden „Mani-Rimdu-Fest" feiern Mönche (Lamas) und Sherpas in buddhistischen Klöstern der Everest-Region wie Tengpoche oder Thame mit Spielen, Maskentänzen, Gebeten und Festmahlen 19 Tage lang „das Gute der Welt". Als Höhepunkt gilt das dreitägige „Mani-Rimdu-Festival". Beim „Mani-Rimdu-Fest" will man Dämonen vertreiben und das Gute belohnen. Bei „Yeti-Tänzen" tragen Mönche stilisierte „Yeti-Masken" und teilweise setzt sich einer sogar einen vermeintlichen „Yeti-Skalp" auf. Das „Mani-Rimdu-Fest" hat seinen Ursprung im buddhistischen Kloster Rongbuk in Tibet. Der Name „Mani-Rimdu" setzt sich aus „Mani" (Teil des Gesanges des Chenrezig, des Schutzpatrons von Tibet) und „Rilbu" (kleine, rote Pillen, die während einer Zeremonie gesegnet und am Ende an die Anwesenden verteilt werden) zusammen.

Viele Tibeter glauben, von einem Affengott, einer Inkarnation von Chenrezig, abzustammen. Jener soll eine Dämonin zur Frau genommen und sechs langhaarige, geschwänzte Kinder mit ihr gezeugt haben. Diesen Kindern habe man so lange geweihte Getreidekörner zu essen gegeben, bis die Haare und Schwänze zurückgegangen und schließlich ganz abgefallen seien.

Laut der Sherpa-Version dieser Legende lebte ein zum Buddhismus bekehrter Affe als Einsiedler in den Bergen und heiratete eine Dämonin. Ihre Nachkommen mit Schwanz und langen Haaren sollen die „Yetis" – Menschenwesen aus dem Schneeland – gewesen sein.

Ein nepalesischer Zoologe namens Kaiser vertritt die Theorie, bei den „Yetis" könne es sich um flüchtige Menschen handeln:

*Rekonstruktion eines Neandertalers
im Neanderthal-Museum bei Mettmann*

beispielsweise um entlaufene Mönche, entsprungene Sträf-
linge oder geflüchtete Mörder, die sich in die Einsamkeit
der Berge zurückgezogen hätten. Manche „Yetis" könnten
auch Mönche sein, die zu einem entlegenen Kloster gehörten,
von dessen Existenz aber Fremde nichts wüssten.

Ivan T. Sanderson, der „Urvater" der Kryptozoologie, veröffentlichte 1961 sein Buch „Abominable Snowman: Legend
Come to Life". Darin ordnete er die affen- und menschen-
.ähnlichen Kryptiden vier Klassen zu.

1.„Sub-Humans": So nannte Sanderson die menschenähn-
lichsten Kryptiden, die man bis dahin als „Wildmenschen"
bezeichnete. Dazu rechnete er Lebewesen wie „Yeren" aus
China oder „Alma" aus Zentralasien. Sanderson deutete die
meisten von ihnen als überlebende Neandertaler, manche aber
auch als unbekannte ethnische Gruppen des *Homo sapiens.*

2. „Proto-Pigmies": Dieser Begriff umfasste alle kleineren
Hominiden wie „Orang Pendek", „Agogwe", „Sehite" und
„Teh-Ima". Sanderson glaubte, diese gehörten zu den
Menschen. Eventuell seien sie die Vorfahren der Pygmäen im
Dschungel von Zentralafrika.

3. „Neo Giants": Zu dieser Kategorie gehörten laut Sanderson
riesige Hominiden wie „Dzu-Teh", „Bigfoot" oder „Mapin-
guari". Er betrachtete sie als überlebende prähistorische
Menschenaffen der Gattung *Gigantopithecus.*

4. „Sub-Hominids": Jenen Begriff schlug Sanderson für
unbekannte Primatenformen wie „Yeti" oder „Golub-Yavan"
vor. In diesen vermutete er eine auch fossil unbekannte
Affenart.

Über das Klassifizierungssystem von Ivan T. Sanderson, der
sich intensiv mit den „abominable Snowmen" („ABSM")
befasste, waren viele Kryptozoologen begeistert, aber längst
nicht alle. Mit großer Skepsis und heftiger Kritik reagierten

*Skelett des amerikanischen Anthropologen
Grover S. Krantz (1931–2002)
und seines Irischen Wolfshundes „Clyde"
im „Smithsonian Natural History Museum". Krantz hatte
seinen Körper der Forschung zur Verfügung gestellt.*

vor allem jene Forscher, die nur an eine einzige Art von Affenmenschen glaubten. Zu ihnen gehörte beispielsweise der amerikanische Anthropologe und „Bigfoot-Experte" Grover S. Krantz (1931–2002), der fest davon überzeugt war, alle Berichte seien auf überlebende Restbestände des riesigen prähistorischen Menschenaffen *Gigantopithecus* zurückzuführen, die in Asien und Nordamerika verbreitet seien.
Bis in die 1960-er Jahre war im Königreich Bhutan der Glaube an die Existenz des Schneemenschen „Yeti" noch weit verbreitet. 1966 hat man dieses legendäre Geschöpf in Bhutan sogar mit einer Briefmarke geehrt. Darauf ist ein Phantasie-„Yeti", der Hollywoods „King Kong" ähnelt, abgebildet. Im 21. Jahrhundert nahm der Glaube an den „Yeti" in Bhutan merklich ab.
In der zweiten Hälfte der 1960-er Jahre veröffentlichte der österreichische Anatom Hans Biedermann aus Graz mehrere Artikel in Zeitschriften – wie „Mitteilungen der Anthropologischen Gesellschaft in Wien", „Quartär" und „Universum –, in denen er die Sagen vom Schneemenschen als umgeformten Bärenmythos deutete. In „Quartär" meinte er 1966, sicher scheine es zu sein, dass der „Yeti" in den nepalischen Sagen genau die Rolle spiele, die in der Mythik der subarktischen Jägervölker der Bär einnehme, „ein Tier, das dem Menschen seit der Altsteinzeit als mit dem übernatürlichen Bereich in Verbindung stehend geläufig war".
Der britische Bergsteiger Don Whillans (1933–1985) hörte und sah 1970 auf dem Annapurna (Nepal) im Himalaja in etwa 4.000 Meter Höhe angeblich einen „Yeti". Zunächst hörte er seltsame Schreie, die seine Sherpas einem „Yeti" zuschrieben. In dieser Nacht erblickte er in Nähe seines Lagers eine dunkle Gestalt, die sich fortbewegte. Am nächsten Tag entdeckte er menschenähnliche Fußabdrücke im Schnee. In

der folgenden Nacht beobachtete er bei Mondlicht mit dem Fernglas angeblich etwa 20 Minuten lang eine „affenartige Kreatur", die auf allen Vieren auf einem Hügel herumsprang. Vermutlich hat Whillans einen Languren gesehen, heißt es.

Erst 1973 wurde die Fachrichtung der Kryptozoologie, die sich mit affen- und menschenähnlichen Kryptiden befasst, als Hominologie bezeichnet. Diesen Begriff prägte damals der am „Darwin-Museum" in Moskau tätige russische Wissenschaftler Dmitri Bayanow. Weitere Klassifizierungen erfolgten 1986 durch Myra Shackley, 1997 durch Mark A. Hall sowie 1999 durch Loren Coleman und Patrick Huyghe.

Sagen der Sherpas zufolge raubt der „Dremo" oft Menschenfrauen. In Nepal singt man Lieder, in denen es heißt: „Ach Dremo, mein Geliebter, Vollmond ist heut nacht. Ich bitte dich von Herzen, lass doch nach Haus' mich, zu Vater und Mutter, zu Schwestern und Brüdern am heimischen Herd ..."

Andererseits akzeptierten angeblich manche von „Yetis" geraubten Mädchen oder Frauen ihren Entführer als Ehegatten. Ein solcher Fall wird im Lied eines Mädchens geschildert, das den „Geliebten" beklagt, den ihre Familie gefangen hat. Als ihr Bruder den Bogen spannte, um einen Pfeil auf den Entführer abzuschießen, flehte das Mädchen ihn an: „Er liebt mich so zärtlich wie du. Es ist so edel wie du. Suchst du ein Ziel für deinen Pfeil, durchbohre mein Herz und töte uns beide!"

In der Novellensammlung „Famous Chinese Short Stories" (1952) präsentierte der Schriftsteller Lin Yutan unter anderem die Erzählung, „The White Monkey. Sie handelte davon, dass ein affenähnliches behaartes Lebewesen die Ehefrau eines chinesischen Generals in die Berge entführte. Der General soll den Frauenräuber verfolgt haben, doch seine

Gemahlin wollte nicht mehr zu ihm zurück. Die geraubte Frau habe dem „Weißen Affen" einen Sohn geboren und es vorgezogen, bei ihrem tiergestaltigen Entführer in den Bergen zu bleiben.

Ein Sherpa-Mädchen behauptete 1974, es sei in Machermo von einem großen „Menschenaffen" entführt worden. Angeblich hatte das Mädchen schrille Pfiffe gehört. Später soll die Polizei dort Yaks gefunden haben, denen das Rückgrat gebrochen worden war. Bald darauf bekamen ein japanisches Lager und ein polnisches Basis-Camp nachts Besuch von einem Tier, das im Schnee merkwürdige Fußabdrücke hinterließ. Die Expeditionsteilnehmer sollen der Fußspur gefolgt und dabei von einem unbekannten Wesen angeschrieen worden sein. Bei diesen Ereignissen soll ein „Chemo" eine Rolle gespielt haben.

„Den Überlieferungen der Sherpas zufolge ist der Yeti offenbar ein Gegenstück zu den „Wilden Menschen" oder „Waldmenschen" der europäischen Volkssagen". Dies schrieb der österreichische Anthropologe Hans Biedermann aus Graz in seinem Artikel „Die Sage vom Schneemenschen – ein umgeformter Bärenmythos?" (1966). In „Zedlers Universal-Lexicon" (1732–1754) könne man viel über solche Fabelwesen lesen. Immer wieder sei dort die Rede von wilden an Naturdämonen erinnernden Wesen, die öfter Jungfrauen rauben und schänden würden. Häufig hätte man sie dadurch überlistet, indem man ihnen Gefäße mit Wein hingestellt habe, womit sie sich betrunken hätten und man sie unschädlich hätte machen können.

Interessante Entdeckungen glückten 1983 einer Expedition des Naturschützers Daniel C. Taylor und des Naturhistorikers Robert L. Fleming junior im Barun Valley (Nepal). Dabei fand man „Yeti"-ähnliche Fußabdrücke und große Nester in

Südtiroler Bergsteiger und Abenteurer Reinhold Messner im Oktober 2009

Bäumen. Dorfbewohner erzählten von kleinen „Baumbären" namens „rukh balu" mit einem Gewicht von schätzungsweise 150 Pfund und von großen, aggressiven „Bodenbären" namens „bhui balu" mit einem Gewicht von rund 400 Pfund. Ein Vergleich von Bärenschädeln aus dem Barun Valley mit anderen der „Smithsonian Institution", des „American Museum of Natural History" in New York City und des „British Museum" in London ergab jedoch, dass es sich bei allen Objekten nur um eine einzige Spezies, nämlich den asiatischen Schwarzbären bzw. Tibetbären, handelt.

Der Bergsteiger und Abenteurer Reinhold Messner aus Südtirol hat sich zunächst nur nebenbei mit dem „Yeti" beschäftigt, der von den Sherpas als „Chemo" oder „Dremo" bezeichnet wird. Doch als er sich 1985 das Fersenbein brach und man ihm prophezeite, er würde nie mehr laufen können, verschrieb er sich mit Haut und Haaren der „Yeti"-Geschichte. Er investierte all seine Zeit, seine Energie und seine Mittel und organisierte jährlich zwei bis drei Expeditionen von sechs bis zehn Wochen Dauer. Dabei fuhr, hinkte und ritt er durch Gegenden, die man eigentlich nicht bereisen durfte, verriet er. Auf diese Weise verbrachte er drei Jahre, bevor er sich der Politik widmete.

Am 19. Juli 1986 erblickte Reinhold Messner auf dem Weg von Qamdo nach Nachu im Osten von Tibet – nach eigenen Angaben – in einer Nacht gleich zwei Mal einen „Yeti". Messner vermutete, dabei habe es sich um ein und dasselbe Exemplar gehandelt. Damals wollte er jenen Weg verfolgen, den das Volk der Sherpa vor einigen Jahrhunderten bei einer Völkerwanderung aus dem Gebiet von Dege über Qamdo, Lharigo, Lhasa, Tingri bis ins Khumbu-Gebiet genommen haben soll. Sein Ziel war es, herauszufinden, wie weit die Überlieferung mit der Wirklichkeit übereinstimmte.

Schneemensch,, Yeti,
Zeichnung von User,,JNL" bei ,,Wikipedia"

Messner stieg in der Dämmerung gerade bergwärts voran, als lautlos wie ein Gespenst etwas Großes, Dunkles zwischen einem Rhododendron-Gestrüpp erschien, durch das sein Pfad führte. Der Bergsteiger dachte zunächst, er habe einen Yak gesehen und freute sich bereits auf eine Begegnung mit Tibetern sowie warmes Essen am Abend und eine Behausung für die Nacht. Doch er hörte weder das Grunzen eines Yak, noch das Pfeifen von Treibern. Stattdessen glitten behaarte Füße lautlos und weich über den Waldboden, verschwanden mehrfach hinter einem Baumstamm und tauchten dann wieder auf. Als das seltsame Geschöpf kurz auf eine Lichtung trat, erkannte Messner mit angehaltenem Atem in etwa zehn Meter Entfernung eine riesengroße Gestalt auf zwei Beinen. Nur einen Herzschlag lang stand sein merkwürdiges Gegenüber erstarrt da, wandte sich dann ab und verschwand.

In einem Interview mit dem Hamburger Nachrichten-Magazin „Der Spiegel" erklärte Messner später, diese erste Begegnung habe nur etwa drei bis vier Sekunden gedauert. Nach dieser Sichtung schlich er 20 Schritte bis zu dem Gestrüpp, wo das seltsame Wesen aufgetaucht und gleich wieder verschwunden war. Im feuchtem, schwarzen Lehm mitten auf dem Pfad entdeckte er einen riesigen, menschenähnlichen Fußabdruck, an dem Zehen zu erkennen waren. Messner fotografierte den Fußabdruck. Außerdem stellte er fest, dass seine Schuhe weniger tief in den Lehm einsanken als die nackten Fußsohlen des unbekannten Lebewesens. Demnach musste das unheimliche Geschöpf viel schwerer als er sein. Insgesamt sah Messner an jenem denkwürdigen Abend noch viermal riesige Fußabdrücke auf dem Pfad, dem er bergauf folgte. Sie stammten nach seiner Ansicht von keinem Bären, weil der Abdruck einer Vordertatze fehlte, und auch von keinem Schneeleoparden, weil sie hierfür zu groß waren.

Tagsüber hatte Messner noch geplant, nur solange zu gehen, bis es dunkel wurde und dann zu biwakieren. Doch nun wollte er nicht mehr zwischen dem Wurzelwerk einer großen Zeder die Nacht verbringen und stieg immer weiter. Auf seinem Weg hinauf zur Baumgrenze sinnierte er, ob er überhaupt die richtige Route eingeschlagen hatte.

Irgendwann zwischen Einbruch der Dunkelheit und Mitternacht kam Messner aus dem Wald auf eine flache Lichtung. Auf das vor ihm liegende Tal fiel helles Mondlicht. Nirgendwo waren ein Dorf, eine Hütte oder Lichtpunkte zu sehen.

Als er zwischen Wacholdersträuchern marschierte, hörte Messner plötzlich ein Pfeifen, das wie der Warnruf einer Gemse klang. Er sah sich um und erblickte mit Schrecken im rechten Augenwinkel die Umrisse eines zweibeinigen Geschöpfes. Dieses flüchtete zwischen Bäumen zum Rand der Lichtung, wo Zwergsträucher den Ansatz eines Steilhangs überwucherten. Lautlos und vornübergebeugt eilte dieses Lebewesen weiter. Es verschwand hinter einem Baum und tauchte wieder auf, wobei sich das Mondlicht hinter seinem Rücken befand. Dann drehte das Ungeheuer seinen Kopf in die Richtung von Messner, verharrte einen Augenblick und fauchte zornig, was sich mehr wie ein Pfiff anhörte. Einen Augenblick lang sah der Abenteurer den grauen Schatten des Gesichts und den schwarzen Umriss des Körpers. Die bedrohlich wirkende, vollkommen behaarte Gestalt stand auf zwei kurzen Beinen und ihre starken Arme hingen fast hinab bis zu den Knien. Messner schätzte die Größe auf mehr als zwei Meter. Es war dasselbe Wesen, das er in der Dämmerung erstmals erblickt hatte vermutete er. Wieder hätte Gestank in der Luft gelegen und ferne Rufe hätten in ihm nachgebebt. Messner hörte noch, wie die rätselhafte Gestalt ins Dickicht

brach und sah, wie sie auf allen Vieren über den Steilhang
flüchtete und verschwand.

Anschließend marschierte Messner hinter dem Lichtkegel
seiner Taschenlampe weiter. Dabei fühlte er sich verfolgt oder
beobachtet, blieb immer wieder stehen, lauschte in die Nacht
und schaute sich um. Schließlich errichtete er doch ein
Nachtlager. Er schichtete ein Mäuerchen zwischen seinem
Lager und der freien Wiesenfläche auf, breitete eine
Schaumgummi-Matte aus und legte sich in seinen Schlafsack.
Doch er konnte nicht einschlafen, hörte plötzlich wieder dieses
unheimliche Pfeifen, stand auf und marschierte weiter.
Irgendwann fand er einen Steg über einen Wildbach und
gelangte in das tibetische Bergdorf Tschagu. Als er dort zwei
Männern, die ihn in ihrer Hütte übernachten ließen, von seinen
Begegnungen mit einem Ungeheuer erzählte, fragten diese
wie aus einem Munde „Chemo?".

Um zehn Uhr morgens marschierte Messner in Begleitung
eines einäugigen Führers weiter. Unterwegs zeigte der Tibeter
am Rand einer menschenleeren Hochalm mit seinem Stock
auf den Erdboden zwischen stuhlgroßen Steinbrocken und
sagte „Chemo". Zu sehen waren riesige Fußabdrücke eines
Barfußgängers sowie schätzungsweise hundert oder mehr
Kilogramm schwere Felsbrocken, die anscheinend erst in der
vergangenen Nacht verschoben oder umhergewälzt worden
waren. Der Begleiter meinte, „Chemo" suche Erdhörnchen
oder Mäuse, bewege dabei riesige Steine und werfe damit.
„Chemo" töte auch Ziegen, Schafe und sogar Yaks.

Bevor Reinhold Messner sein faktenreiches Buch „Yeti.
Legende und Wirklichkeit" (1998) veröffentlichte, hat er zwölf
Jahre lang den geheimnisvollen Schneemenschen gesucht.
Nach seiner Sichtung eines „Yeti" im Jahre 1986 unternahm
er Forschungsreisen nach Nepal, Ladahk, Buthan, Baltistan

Dalai Lama Tendzin Gyatsho

und Nordindien. Dabei marschierte er rund 20.000 Kilometer durch die höchsten Bergregionen der Welt.

In einem Interview mit dem Nachrichten-Magazin „Der Spiegel" fragte man Reinhold Messner, was sein Freund, der Dalai Lama, über den „Yeti" sage. Messner antwortete, der Dalai Lama habe sich einmal bei ihm erkundigt, ob er etwas über den so genannten „Chemo" wüsste und ob dieser mit der Figur identisch sein könnte, die im Westen als „Yeti" bezeichnet würde. Messner war daraufhin sehr aufgeregt und erklärte, dass er davon unbedingt überzeugt sei. Bei einem späteren Treffen begrüßte der mit viel Humor gesegnete Dalai Lama den Bergsteiger Messner mit einem schallenden Lachen und nannte ihn „Yeti".

Im Oktober 1988 führte das „Thalia Theater" in Hamburg das Stück „Yeti – der wilde Mann" von Gao Xingjian auf. Der Autor Gao Xingjian und der Regisseur Lin Zhaohua wollten damit auf die Zerstörung der natürlichen Welt durch die menschliche Zivilisation hinweisen. Dabei stützten sie sich auf einzelne Begegnungen chinesischer Bauern mit Wild- menschen. Held des Theaterstücks war ein Ökologe, der in die Wildnis gezogen war, um dort vom Menschenwerk verschonte Lebensformen zu studieren. Dabei stieß er immer wieder auf Forscher aus der ganzen Welt, die den Schnee- menschen suchten.

Laut einer Meldung der Nachrichtenagentur „Reuters" vom 16. August 1990 wurden sowjetische Grenzwachen des „KGB" in höchste Alarmbereitschaft versetzt, nachdem eine Patrouille ein ungefähr zwei Meter großes Geschöpf mit leuchtenden Augen erblickt hatte. Das seltsame Lebewesen überraschte angeblich die Wachhabenden des Grenzpostens „Rotes Banner" in Sowjetisch-Fernost und ähnelte einem Schneemenschen bzw. „Yeti". Kurz danach beobachtete man, wie diese Kreatur versuchte, ein Dach zu erklimmen, sich dann aber doch in den Wald zurückzog.

Als russische Kryptozoologen dieser abenteuerlichen Geschichte vom August 1990 nachgehen wollten, hüllten sich die Grenzposten angeblich in Schweigen. Nach Kenntnis der Forscher war bereits im Winter 1983 unweit der Stadt Birobidschan in einem Wald an der Grenze zu China eine andere Sichtung durch zwei sowjetische Grenzer erfolgt. Der ehemalige Grenzhüter Konstantin Schembarew berichtete 1988 brieflich, er und sein usbekischer Fahrer seien nachts im Freien einer menschenähnlichen Bestie begegnet. Weil es sehr kalt war, hatten die beiden Männer ein Feuer angezündet, um sich daran zu wärmen. Der Fahrer kümmerte sich um das Feuer und der Grenzhüter Schembarew suchte Brennholz. Plötzlich trat eine struppige Kreatur aus dem Wald, näherte sich dem Feuer und bewarf dieses mit Schnee. Als das Wesen das Knirschen des Schnees unter den Füßen von Schembarew hörte, wandte es sich in dessen Richtung. In diesem Moment schrie der Fahrer gellend und rannte zum Auto. Schembarew ließ das gesammelte Brennholz fallen, ergriff seine Maschinenpistole und rannte zum Lager. Dabei kam ihm die riesenhafte Bestie entgegen. Als diese nur noch etwa drei Meter entfernt war, richtete sie sich auf und starrte Schembarew an, der bei einem weiteren Schritt schießen wollte. Doch die Kreatur ließ eine Art Gluckser hören, trat zur Seite und verschwand. Beim Fortgehen drehte sich das Geschöpf noch mehrfach um, als es ob es sicher sein wollte, dass man ihm nicht folgte.

Aufregende Momente erlebte der Bergsteiger Reinhold Messner am 12. Mai 1991 im Lama-Kloster Gangtey Gompa bei einer Expedition im Königreich Bhutan. Dort erblickte er in einem eigentlich für Fremde gesperrten, düsteren Tantra-

Raum eine Reliquie, bei der es sich nach Auskunft eines Mönches um den Kopf und die Haut eines „Yeti"-Jungen aus Tibet handeln sollte. Messner zitterte vor Aufregung, weil in den Händen und Füßen noch Knochen steckten und am überwiegend kahlen Kopf ein langes, schwarzes Haarbüschel hing. Ein alter Mönch erklärte, ein Würdenträger des Klosters habe vor vier Jahrhunderten das böse Lebewesen mit seinen magischen Kräften gebannt, getötet und hierher bringen lassen. Man habe das Herz und die Knochen herausgenommen, nur der Schädel, die Hände und die Füße seien geblieben, wie sie waren. Als jemand aus seiner Begleitung erneut das geheimnisvolle Objekte fotografierte, sah Messner im Schein des Blitzlichts, dass die wenigen Haare am Kopf eingesetzt sowie Finger- und Zehenhäute mit Hölzchen und Fäden gestützt waren. Es handelte sich um eine gebastelte Mumie. Später kehrte Messner noch einmal in den Tantra-Raum zurück, um sich Gewissheit zu verschaffen. Hände und Füße wirkten wie die eines acht- bis neunjährigen Kindes. Sie waren aus Holzstäbchen, Leder, Tuch und Fäden geformt und hingen an einer dünnen Haut, die von einem Affen hätte stammen können. Das Gesicht war wie eine Maske gestaltet. Die Haut darüber schien einem Tier abgezogen und wieder aufgeklebt worden zu sein. Ob sich Holz oder Knochen darunter befanden, konnte Messner nicht herausfinden. Offenbar wurde diese Puppe eingesetzt, um die Legenden vom „Yeti", der hoch oben in den Bergen angeblich immer noch vorkam, lebendig zu halten oder entsprechende Geister zu bannen.
Im Norden von Bhutan erfuhr Reinhold Messner 1991, unweit von Laya, einem Dorf mit etwa 100 Häusern und ungefähr 5.000 Yaks, wäre vor wenigen Jahren eine Frau von einem „Yeti" entführt worden. Erst einige Monate später sei diese Frau dann wieder aufgetaucht. Sofort schickte der junge König

Kloster Gangtey Gompa in Bhutan,

von Bhutan einen Trupp Wildhüter, Hirten und Soldaten, die mit Ferngläsern, Funkgeräten und Gewehren ausgerüstet waren, in die Berge, um den Entführer zu suchen. Falls sie einen „Yeti" sichteten, sollten sie dies unverzüglich im Regierungspalast von Thimpu melden. Doch der Suchtrupp entdeckte keine Fußspuren und sichtete auch keinen „Yeti". Schließlich ließ der König die Suche abbrechen.

Auch Reinhold Messner stieß 1991 in Bhutan nicht, wie er es erhofft hatte, auf einen lebenden „Yeti". Seine Expedition marschierte wochenlang durch Schluchten, über Pässe und durch Dschungel mit Schlangen, Wildschweinen und Blutegeln rund 550 Kilometer weit. Unterwegs trafen sie einen nicht mehr ganz jungen Mann, der hinter vorgehaltener Hand erzählte, er habe vor elf Jahren an einem nebligen Abend unterhalb von Laya einen aufrechten, etwa 2,20 Meter hohen und behaarten „Yeti gesehen. Weinige Tage danach sei sein Vater ohne irgendwelche Vorzeichen plötzlich gestorben. In Bhutan heißt es, jemand der einen „Yeti" erblicke, lade einen Fluch auf sich und erlebe bald ein Unglück.

Bei einem ‚Aufenthalt von Messner in Laya sang ein Säufer öffentlich über Begegnungen mit dem „Yeti". Lallend und kichernd erzählte er von Waldbewohnern, die es mit Hirtenmädchen trieben, bevor sie Ziegen das Kreuz brächen und die Mädchen mit in ihre Höhlen nähmen.

1991 wurde bekannt, der amerikanische Anthropologe George Agogino (1929–2000), der bei den Expeditionen des Millionärs Tom Slick als Berater fungiert hatte, habe Teile einer angeblichen „Yeti"-Hand erhalten. Dabei handelte es sich um Knochen der bereits erwähnten „Pangboche-Hand". Der US-Sender „NBC" berichtete in seinem Fernsehprogramm „Unsolved Mysteries" über die vermeintlichen Teile einer „Yeti"-Hand. Experten, welche diese Teile untersuchten, kamen zu unterschiedlichen Ergebnissen. Professor William Charles Osman Hill (1901–1975) beispielsweise sprach zunächst von einem Hominiden und später von einem Neandertaler. Irgendwann waren die Teile verschwunden. Nach der Ausstrahlung der Fernsehsendung „Unsolved Mysteries" wurde die gesamte „Pangboche-Hand" aus dem Kloster gestohlen und soll in einer Privatsammlung verschwunden sein.

Im Winter 1992/1993 ging in Solo Khumbu (Nepal) wieder einmal das Gerücht um, eine junge Frau sei von einem großen „Yeti" vergewaltigt worden. In Mustang erfuhr der Bergsteiger Reinhold Messner von einem Fell und einem Skelett eines geheimnisvollen Tieres namens „Mete", aber niemand kannte den Aufbewahrungsort. In Tsarang hörte Messner von einem „Yeti", den Jäger des ehemaligen Königs von Mustang angeblich erschossen hatten. Der „Yeti" hatte vor seinem Ableben aufrecht gehend ein totes Yak-Kalb mehrere hundert Meter weit unter dem Arm fortgetragen.

Mitte des Jahres 1996 entdeckten zwei australische Ärzte bei einer Trekking-Tour durch den Himalaja nahe eines Wasserfalls bei Yahmg La eine versteckt liegende Höhle mit einem Strohlager. Ihre Sherpa-Führer behaupteten, dabei handle es sich um einen Ruheplatz für „Yetis". Die vermeintlichen Affenmenschen ließen sich aber nicht blicken.

Einen behaarten „Yeti", der an einem Berghang aufwärts zweibeinig durch hohen Schnee stapft, zeigt angeblich der so genannte „Snow Walker Film". Dieser Streifen soll 1992 von zwei Wanderern, deren Namen man bis heute nicht preisgab, im Himalaja aus größerer Entfernung gedreht worden sein. Der „Snow Walker Film" war in der amerikanischen Fernsehshow „Paranormal Show" von „Paramount UPN", die vom 12. März bis 6. August 1996 in den USA lief, zu sehen.

Gerüchteweise hieß es, die Produzenten der Show hätten den Film selbst anfertigen lassen. Später erwarb „Fox" diesen Streifen und zeigte ihn in dem Film „The World's Greatest Hoaxes" über die größten Fälschungen der Welt. Heute ist der „Snow Walker Film" auf der Video-Plattform „YouTube" im Internet zu bewundern.

Manche Kryptozoologen halten den „Snow Walker Film" noch heute für echt. Das gezeigte Geschöpf sei für einen Menschen viel zu groß, sehe aus wie der nordamerikanische Affenmensch „Bigfoot", besitze einen affenähnlichen Kopf und sein Körper sei mit einem Fell bedeckt. Zudem bewege es sich durch den Tiefschnee merklich schneller als ein Mensch. Skeptiker dagegen verweisen darauf, man könne nicht überprüfen, wo der Film gedreht worden sei und es gebe keinen Bezugspunkt, um die tatsächliche Größe der Kreatur festzustellen. Es wäre auch schwierig, zu sagen, ob der Gang wirklich menschen- ähnlich sei.

Während einer mehrtägigen Rast am Yulung Lhantso, dem „Gottessee" am Fuß vergletscherter Granitberge, hörte Reinhold Messner im Sommer 1996 von Hirten, vor zwei Tagen sei weiter oben zwischen See und Gletscher ein „Chemo" gesichtet worden. Die Hirten hatten davon durch einen Mann namens Lopsang erfahren, der am oberen Seeufer mit seiner Familie in einem Zelt wohnte. Bevor Messner zum gut einstündigen Fußmarsch zu Lopsang aufbrach, fragte ihn ein buckliger Mann, ob er an der Hand eines „Chemo" interessiert sei. Als Messner fragte, wo sich diese Hand befände, wurde ihm als Aufbewahrungsort das Haus eines Verwandten des Buckligen genannt, das einen Tagesritt entfernt sei. Daraufhin bat Messner, man solle ihm die „Yeti"- Hand und den Jäger, der diesen erlegt habe, bringen. Der Jäger sei bereits seit 40 Jahren tot, lautete die Antwort.

Als Messner kurz darauf bei Lopsang ankam, lud ihn dieser in sein Zelt ein. Der Tibeter bestätigte, er habe wiederholt einen „Chemo" gesehen, der größer als ein Affe und sehr stark sei. Ein Einsiedler, der in nächster Nähe hier lebe, halte sogar Kontakt zu „Chemos". Wenn sie nachts hinausgingen, könnten sie sicher einen „Chemo" sehen, meinte Lopsang. Gegen zehn Uhr abends weckte Lopsang den schlafenden Messner und marschierte, bewaffnet mit einem armlangen Schwert mit ihm auf einen Waldgürtel zu, der schwarz unter Schneehängen lag. Unterwegs fanden sie angeblich Lagerplätze, Kot und am Morgen einige Fußabdrücke ohne Krallenspuren im Schnee, die wegen ihrer Größe nicht von einem Menschen stammen konnten und die Messner fotografierte. Wenn das riesige Lebewesen, das diese Fußabdrücke hinterlassen hatte, ein Vierbeiner war, musste er die Hinterpranken immer genau in den Abdruck der Vorderpranken gesetzt haben. Lopsang meinte, man könne den „Chemo" nicht sehen, wenn man ihn suche, entweder begegne man ihm zufällig oder man sehe ihn nie.
Nach dem Abschied von Lopsang ging Messner auf einem steilen Pfad zu ein paar Hütten, die auf dem Absatz einer Felswand errichtet worden waren. Dort traf der Bergsteiger im Freien einen einzigen Mann an, der auf dem Boden hockte und ihn eine Zeitlang schweigend anstarrte. Später wurde Messner von diesem Einsiedler in seinen kleinen Meditationsraum geführt, wo er ihm eine in Silber gefasste Hirnschale, eine Flöte aus Menschenknochen und eine mit Menschenhaut bespannte Trommel zeigte. Dann erzählte der Einsiedler, er habe vor einigen Tagen in den Geröllhängen unterhalb der Einsiedelei eine „Chemo"-Mutter gesehen, die mit ihrem Kind gespielt und mit der er gesprochen habe.
Als Messner wieder im Lager am Gottessee war, zeigte man ihm die inzwischen herbeigeschaffte „Chemo"-Hand. Zu

seiner Enttäuschung identifizierte er diese Tierpfote sofort als Bärentatze. Doch die Besitzerin beharrte darauf, es sei die „Hand eines Chemo". Nach einigem Zögern kaufte Messner zu einem hohen Preis die rauchgetrocknete Tatze, die unter wenigen Borsten wie eine Menschenhand aussah. Er war nun Besitzer einer so genannten „Yeti"-Hand.

In einem Straßendorf, in das er während seines Marsches nach Lhasa kam, fragte Messner umherstehende Tibeter, ob sie schon einmal einen „Chemo" gesehen hatten. Sie lachten zunächst, zeigten dann aber auf die Wälder. Einer der Männer verriet sogar, im Hinterhof eines Geschäfts im Basar, ein paar Häuser weiter, hänge ein „Chemo". Messner ließ sich zu dem Kramladen führen, wo ihm ein älterer Mann in einem Lagerraum im Halbdunkel ein nach Fäulnis und ranzigem Fett riechendes Fell zeigte. Dabei handelte es sich eindeutig um ein Bärenfell! Man bot Messner an, er könne dieses Fell kaufen, aber er fotografierte es nur.

Zitternd vor Aufregung wurde Messner bewusst: Was er in diesem Kramladen gesehen hatte, entsprach der lebendigen Realität des „Chemo", der allen Geschichten über den Schneemenschen entsprach. „Der „Yeti" als dessen mythisch überhöhte Vorstellung war also keiner Luftspiegelung entsprungen, und er war auch kein Trugbild, Hirngespinst, keine Lügengeschichte. Er hatte seinen Ursprung im Nebeneinander des Menschen und einer bestimmten Bärenart, die immer seltener geworden und die in ihrem Verhalten bisher kaum studiert worden war". Dies schrieb Messner in seinem Buch „Yeti. Legende und Wirklichkeit" (1998). Der Bär, den er meinte, ist der Tibetische Braunbär *(Ursus arctos pruinosus)*.

Im Sommer 1997 hörte Reinhold Messner von einem Träger namens Karim im Karakorum eine schier unglaubliche Geschichte. Vor langer Zeit sollte ein „Dremo", der im Kara-

*Tibetischer Braunbär Ursus arctos pruinosus,
Illustration von Joseph Smith (1836–1929)*

korum auch „Risch", „Isch" oder „Bhalu" hieß, in Hushe ein
Mädchen in eine Höhle entführt haben. Die anschließende
Suche ihrer Brüder sei erfolglos verlaufen. Einige Jahre später
habe der Hund der Familie die Höhle aufgestöbert und das
entführte Mädchen darin aufgespürt. Der Hund sei mit einer
Halskette der jungen Frau ins Heimatdorf zurückgekehrt, wo
man die Kette als Schmuckstück der Verschollenen identifizierte. Zusammen mit dem Hund seien die Brüder der
Entführten zur Höhle geeilt, hätten dort ihre Schwester
angetroffen und sie mit nach Hause nehmen wollen. Weil
inzwischen sechs oder sieben Jahre vergangen waren und sie
bereits zwei „Yeti"-Babys hatte, wollte die Schwester in der
Höhle bleiben. Doch ihre Brüder hätten sie gezwungen,
mitzukommen und die beiden „Yeti"-Babys in einem Korb
getragen. Beim Überqueren eines Gletscherflusses in Dorfnähe
sollen die Brüder von einer Brücke aus die „Yeti"-Babys in
den Fluss geworfen haben. Die junge Mutter sei verzweifelt
gewesen, habe geweint und zurück in ihre Höhle gewollt, doch
man habe sie nicht mehr fortgelassen. Einige Tage später habe
ein „Dremo" die Frau wieder holen wollen. Doch die Dorf-
gemeinschaft habe ihn gejagt und erschossen. Kurze Zeit
später sei die junge Frau wohl vor Kummer gestorben. Die
Höhle, in der jene Frau versteckt gewesen sein soll, ließ sich
Messner später zeigen.
Wenige Tage später erzählte der Träger Karim in einem Lager
auf dem Baltoro-Gletscher im Karakorum eine weitere
„Dremo"-Geschichte. Zwei riesige „Dremos" hätten in einer
Höhle in den Bergen ihren Winterschlaf gehalten. Diese Höhle
habe auch ein Jäger aufgesucht. Wenig später habe eine
Schneelawine den Eingang verschüttet. Der Jäger habe eines
der beiden Tiere erstochen und sein Fleisch gegessen. Das
andere Tier habe er am Leben gelassen. Mit dem Fell des

toten Tieres habe sich der Jäger zugedeckt und sich von dem lebenden „Dremo" den ganzen Winter lang wärmen lassen. Im Frühling habe der „Dremo" einen Tunnel durch den Schnee gegraben und den Jäger gebeten, ihm dabei zu helfen. Als sie ins Freie gelangten, sei der „Dremo" in die Berge geflohen und der Jäger wieder heimgekehrt.

Anfang April 2001 berichteten Zeitungen in England, ein Team von „To the end of the world" des britischen Fernsehsenders „Channel 4" und mehrere Wissenschaftler hätten in Bhutan spektakuläre Hinterlassenschaften des „Yeti" entdeckt. Angeblich fand man an einem hohlen Zedernbaum ein Büschel Haare sowie Spuren von Krallen in Rinde und Holz. Der Sherpa Sonam Dhendup, der die Expedition führte, meinte, in dem hohlen Baum habe ein „Yeti" gehaust. Nahe des Baums stieß man angeblich auf ungewöhnliche Fußspuren, die erst wenige Stunden alt sein sollten. Nach der Rückkehr übergab man die Haare dem Genetiker Professor Bryan Sykes vom „Institute of Molecular Medicine" in Oxford zur Analyse. Dieser Experte hatte einige Jahre zuvor einen vermeintlichen „Yeti"-Pelz als Bärenfell entlarvt. Sykes zog das Fazit, die Haare stammten nicht von einem Menschen, Affen, Bären oder anderen bekannten Tier.

Der japanische Bergsteiger Makoto Nebuka recherchierte zwölf Jahre lang über den „Yeti" und gelangte dabei mit Methoden der Dialektforschung zu einem ernüchternden Ergebnis. Im September 2003 erklärte er in Tokio, das sagenumwobene Wesen im Himalaja sei nur ein Himalaja-Braunbär *(Ursus arctos)*. Nebuka begründete diese Verwechslung mit einer Lautverschiebung. Der Begriff „Yeti" sei eine Abwandlung des Wortes „Metis", mit dem Himalaja-Völker in Tibet, Nepal und Bhutan die Bären bezeichneten. In den Legenden der Einheimischen, die große Furcht vor Bären empfunden hätten, sei der „Meti" zum „Yeti" geworden, ein grauenerregendes, übernatürliches, mythisch aufgebauschtes Wesen. Der Schneemensch tappe seit Jahrzehnten als reines Hirngespinst durch die Erfahrungsberichte von Bergsteigern. Nebuka forderte eine in den Himalaja aufgebrochene Such-aktion nach dem „Yeti" zur Umkehr auf. Er meinte, es sei in Ordnung, sein eigenes Geld für Träume auszugeben, aber es sei wirklich falsch, dafür Geld von anderen Leuten zu sammeln. Über die Erkenntnisse von Nebuka berichtete am 20. September 2003 die „NetZeitung" im Internet.

Im Dezember 2007 erspähten der amerikanische Abenteurer und Fotograf Joshua Gates sowie dessen Team unweit der Everest-Region in Nepal 33 Zentimeter lange und 25 Zenti-meter breite fünfzehige Fußabdrücke, die vom „Yeti" stammen sollten. Davon wurden Gipsabdrücke angefertigt, die Jeffrey Meldrum von der „Idaho State University" untersuchte. Zunächst meinte Meldrum, die Abdrücke seien morphologisch zu akkurat für eine Fälschung. Später korrigierte er diese Auffassung und wollte weitere Studien durchführen, bevor er sich endgültig festlege. 2009 entdeckte Gates einige Haarbüschel, die von einem forensischen Analyst untersucht wurden. Dieser konnte die „DNA" (Desoxyribonucleic acid bzw. Desoxyribonukleinsäure) nicht zuordnen, weil die Spezies nicht bekannt sei.

Die „BBC" meldete am 25. Juli 2008, in der Nähe der Garo Berge in Meghalaya (Indien) habe Dipu Marak rätselhafte Haar-Proben von einem unbekannten Wesen gesammelt. Jene Haar-Proben wurden von der Primatologin Anna Nekarius und dem Mikroskopie-Experten Jon Wells an der „Oxford Brookes University" in England untersucht. Doch die ersten Tests erwiesen sich nicht als aussagekräftig. Der Artenschutz-Experte Ian Redmond berichtete der „BBC", zwischen den

Gemse „Grauer Goral" (Naemorhedus goral)

Hautpartikeln dieser Haar-Probe und der Probe von Sir Edmund Hillary bestünden Ähnlichkeiten. Hillary hatte in den 1950-er Jahren diese Proben während einer Expedition gesammelt und dem „Oxford University Museum of Natural History" geschenkt. Die Analyse der Hillary-Probe ergab, dass das Haar von einer Gemse namens „Grauer Goral" *(Naemorhedus goral)* stammt.

Die Verwirrung über das, was Sherpas tatsächlich gesehen haben und was sie annehmen, die Besucher möchten es gerne finden, spiegelt sich auch in den „Yeti"-Souvernirs wieder, die immer wieder gerne gezeigt und angeboten werden. Dies ist in dem Artikel „Geheimnisvolle Schneemenschen" von Dr. Jan Reifenberger in der Publikation „Der Fährtenleser" nachzulesen. Die von Sherpas gezeigten Pelz- oder Hautstücke habe man bei wissenschaftlichen Untersuchungen als Teile heimischer Tiere wie Bären oder Bergziegen identifiziert.

In der Hoffnung, ein Foto des Schneemenschen „Yeti" machen zu können, unternahmen im Herbst 2008 sieben japanische Abenteurer eine 42 Tage dauernde Expedition in Nepal zum 7.661 Meter hohen Dhaulagiri IV im Himalaja. Dabei handelte es sich bereits um die dritte derartige Expedition des „Yeti Project Japan". In der Region des Dhaulagiri IV hatte Gruppenleiter Yositeru Takahashi angeblich bereits 2003 eine etwa 1,50 Meter große schemenhafte Gestalt gesehen, die er für einen „Yeti" hielt. Auch bei der Expedition von 2008 gelang kein Foto eines lebenden „Yeti". Stattdessen entdeckte man am 20. Oktober 2008 einen rund 20 Zentimeter langen, einzelnen Fußabdruck, den die Expeditionsteilnehmer einem „Yeti" zuschrieben. Das Team war fest davon überzeugt, dass der Fußabdruck von keinem Bären, Wolf oder von einem anderen Tier stammen könne.

Zu Beginn des Jahres 2011 sorgten Berichte für Aufsehen, der „Yeti" sei unweit der Provinz Mae Charim im Norden von Thailand beobachtet worden. Diese Sichtung erfolgte in der Bergregion von Luang Prabang.

In der zweiten Oktoberwoche 2011 meldete die Regionalverwaltung der russischen Provinz Kemerow, ein internationales Team mit Forschern aus Russland, den USA, Kanada, Schweden und Estland sei bei einer Expedition im Altai-Gebirge im Westen von Sibirien auf eindeutige Spuren des Schneemenschen gestoßen. Es hieß, man habe Fußabdrücke, eine mutmaßliche Schlafstätte und verschiedene Markierungen gefunden, mit denen der „Yeti" sein Revier kennzeichne. In einem der Fußabdrücke habe man Haarreste entdeckt, die möglicherweise vom „Yeti" stammten. Nach Ansicht der Regionalverwaltung beweisen die Funde zu 95 Prozent, dass der „Yeti" in der Region lebe. Bei dem Fundort handelt es sich um die Asasskja-Grotte. Das Forscherteam setzte sich für die Gründung eines Zentrums für „Yeti"-Studien und für die Herausgabe einer eigenen Fachzeitschrift ein. Die Regionalbehörde hatte bereits im März 2011 die Gründung eines Zentrum für „Yeti"-Studien vorgeschlagen, was von der örtlichen Universität jedoch abgelehnt wurde.

Die Bergbau-Region Kemerowo befasst sich seit einigen Jahren mit dem „Yeti", hat Veranstaltungen über ihn organisiert und will mit diesem Schneemenschen den Tourismus ankurbeln. Dmitri Islamow, der Vize-Gouverneur von Kemerowo, erklärte, es gehe weniger um die Existenz des „Yeti". Man wolle Touristen den „einzigartigen Charakter der Natur in der Region" nahebringen.

Im Dezember 2011 kursierte ein besonders phantasievoller Bericht über die angebliche Gefangennahme eines „Yeti" in Russland. Ein Jäger behauptete, er habe eine bärenähnliche

Kreatur erblickt, die eines seiner Schafe töten wollte. Als der Jäger einen Schuss abgefeuert habe, sei die Kreatur auf zwei Beinen in den Wald gerannt. Später hätten Grenzsoldaten eine haarige, zweibeinige, weibliche Kreatur gefangen genommen, die Fleisch und Pflanzen verzehrt hätte. Den Beschreibungen zufolge ähnelte diese rund zwei Meter große Kreatur mehr einem Gorilla als einem Bären. Doch ihre Arme seien kürzer als bei einem Gorilla gewesen. Später wurde diese Geschichte als Scherz entlarvt.

Am 28. Dezember 2011 enthüllte der Reporter Matthew Hill, der 1959 von Peter Byrne im Kloster Pangboche in Nepal entwendete Finger der „Pangboche-Hand" stamme von einem Menschen. Man hatte diesen zeitweise verschollenen vermeintlichen „Yeti"-Finger im „Hunterian Museums" am „Royal College of Surgeons" in London (England) wieder entdeckt.

Viele Kryptozoologen betrachten den Schneemenschen „Yeti" als Nachfahren des angeblich bis zu drei Meter großen sowie zwischen 300 und 600 Kilogramm schweren prähistorischen Menschenaffen *Gigantopithecus* („Riesenaffe") aus Asien. In der Literatur differieren die Angaben über die Größe und das Gewicht von *Gigantopithecus* stark, weil man bisher nur Kieferelemente und Zähne geborgen hat, deren Maße diejenigen heutiger Menschenaffen merklich übertreffen.

Gigantopithecus ist durch Funde aus dem Oberen Miozän vor etwa neun bis sechs Millionen Jahren sowie aus dem Pleistozän (Eiszeitalter) vor ungefähr einer Million bis 100.000 Jahren nachgewiesen. Fossilien aus Nordindien und Pakistan, die man der Art *Gigantopithecus bilaspurensis* zurechnet, gelten als neun bis sechs Millionen Jahre alt. Überbleibsel von *Gigantopithecus blacki* aus China sind geologisch jünger und stammen aus der Zeit vor einer Million bis 100.000 Jahren.

*Niederländisch-deutscher Paläoanthropologe
Gustav Heinrich von Koenigswald (1902–1982),
der Erstbeschreiber
des prähistorischen Menschenaffen
Gigantopithecus blacki*

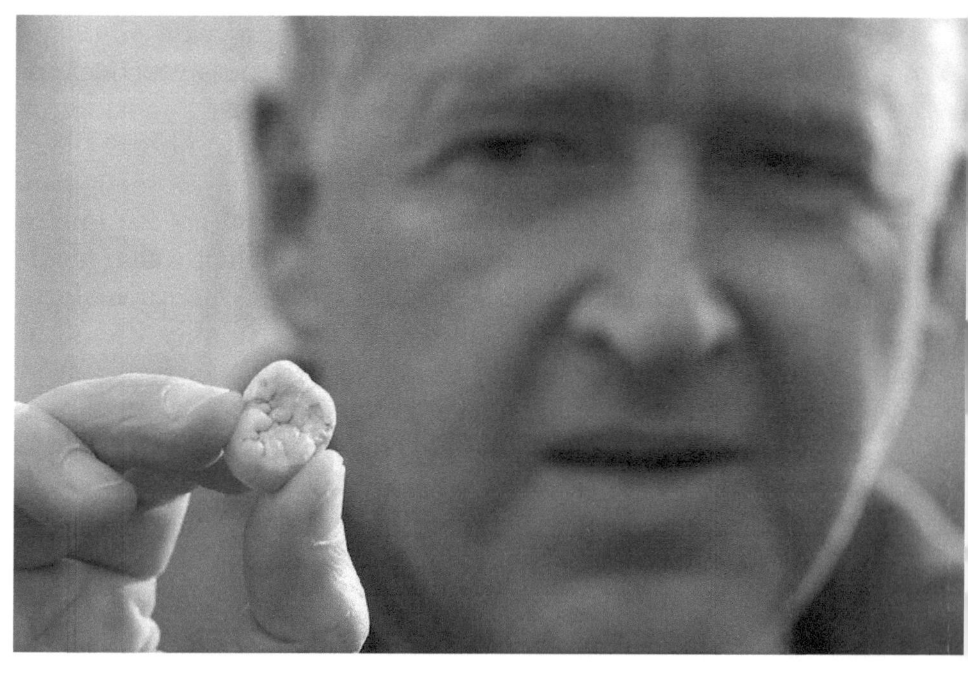

Mahlzahn (Molar)
anhand dessen der niederländisch-deutsche
Paläoanthropologe Gustav Heinrich Ralph
von Koenigswald (1902–1982) im Jahre 1935
den prähistorischen Menschenaffen Gigantopithecus blacki
erstmals wissenschaftlich beschrieben hat.
Im Hintergrund ist der
Paläoanthropologe Friedemann Schrenck
vom Forschungsinstitut Senckenberg,
Frankfurt am Main, zu sehen.

Die erste wissenschaftliche Beschreibung von *Giganto-pithecus blacki* fußte auf ungewöhnlich massiven Backen-zähnen, die dem niederländisch-deutschen Paläoanthro-pologen Gustav Heinrich von Koenigswald (1902–1982) in chinesischen Apotheken aufgefallen waren. Dort bot man vermeintliche „Drachenzähne" als Medizin an. Zu Pulver zermahlene „Drachenzähne" sollten angeblich wahre medi-zinische Wunder vollbringen, vor allem für die männliche Potenz. 1935 fand Koenigswald zwei solcher Zähne in Hongkong und einen in Kanton, 1939 einen weiteren in Hongkong. Diese Zähne waren mit einer Backenzahnkrone von rund 2,5 Zentimeter Durchmesser doppelt so groß wie jene eines Gorillas.

1935 schlug Gustav Heinrich Ralph von Koenigswald den wissenschaftlichen Namen *Gigantopithecus blacki* vor. Der Gattungsname *Gigantopithecus* besteht aus den griechischen Begriffen „gigas" bzw. „gigantos" (Riese) und „pithekos" (Affe). Der Artname *blacki* erinnert an den kanadischen Anatomen Davidson Black, der 1934 in Peking an seinem Schreibtisch – den Schädel eines prähistorischen Peking-Menschen in der Hand haltend – einem Herzschlag erlegen war. *Gigantopithecus blacki* heißt zu deutsch „Blacks Riesenaffe".

1937 schrieb der deutsch-amerikanische Paläoanthropologe Franz Weidenreich (1873–1948), der Gipsabgüsse der Zähne von *Gigantopithecus blacki* erhalten hatte die bis dahin von Koenigswald in chinesischen Apotheken entdeckten Zähne einem riesigen Orang-Utan zu. 1946 hielt er sie in seinem kleinen Buch „Apes, Giants and Man" (Affen, Riesen und Mensch) sogar für Zähne eines Riesenmenschen. Er glaubte, in der menschlichen Evolution habe es eine Periode des Riesenwuchses gegeben. Der Kieler Anthropologe Hans

Weinert (1887–1967) änderte 1948 den Namen *Giganto-pithecus* in *Giganthropus* (griechisch: gigas, gigantos = Riese, anthropos = Mensch) ab. Von Koenigswald ordnete 1952 *Gigantopithecus* einem Seitenzweig der Menschenlinie zu. Ein chinesischer Bauer entdeckte 1956 in der Höhle Liucheng (Guanxi) einen eindrucksvollen Kiefer mit typischen Zähnen von *Gigantopithecus blacki*. Dort barg man später zwei weitere Unterkiefer von *Gigantopithecus blacki* sowie Fossilien von rund zwei Dutzend Säugetieren, unter denen sich einige Fleischfresser befanden. Wegen der Raubtiere spekulierte man, *Gigantopithecus* könne ein Beutetier gewesen sein.

Der ungewöhnlich massive Unterkiefer von *Gigantopithecus blacki* ist vom Kinn bis zu den Zähnen doppelt so hoch wie bei einem männlichen Gorilla der Gegenwart und viermal so hoch wie bei einem jetzigen Menschen. Das Gebiss von *Gigantopithecus* sah anders aus als beim Gorilla, dem größten heutigen Primaten. *Gigantopithecus* besaß vergleichsweise relativ kleine Schneidezähne sowie Eckzähne mit breiter Basis, aber niedriger Krone.

Bei der „18. Internationalen Senckenberg Conference 2004" in Weimar (Thüringen) berichtete der chinesische Wissen-schaftler Linxia Zhao, bisher seien in China von *Giganto-pithecus blacki* insgesamt drei Unterkiefer aus der Höhle Liucheng sowie Zähne von zwölf Fundorten in verschiedenen Provinzen (Guangxi, Hubei, Chongqing, Guizhou) geborgen worden.

An den Fundorten Longgupo (Chongqing) und Longgudong (Hubei) habe man sogar Fossilien und Artefakte früher Menschen zusammen mit *Gigantopithecus* entdeckt. Dies werfe unter anderem die Frage auf, ob *Gigantopithecus* womöglich ein Jäger und Werkzeughersteller oder ein Opfer früher Menschen gewesen sei.

Frühmenschen (Homo erectus)
bei der Jagd auf Menschenaffen (Gigantopithecus blacki)
im alten Teil („Sauriergarten Großwelka")
des „Saurierparks" in Bautzen-Kleinwelka (Sachsen)

*Gefährliche Begegnung zwischen dem
bis zu etwa drei Meter großen prähistorischen
Menschenaffen Gigantopithecus blacki (rechts) und
Frühmenschen, Zeichnung von Shuhei Tamura*

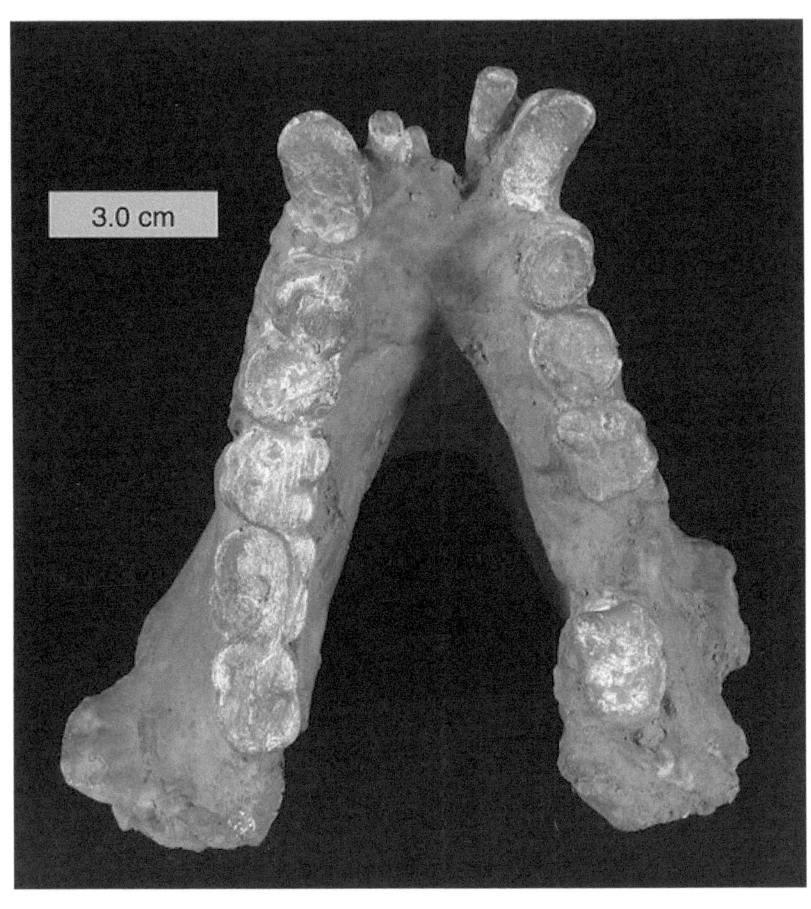

Unterkiefer des prähistorischen Menschenaffen
Gigantopithecus blacki
in der Sammlung des „College of Wooster",
Ohio (USA)

Etwas kleiner als *Gigantopithecus blacki* aus China ist *Gigantopithecus bilaspurensis* aus Indien. 1952 und 1964 entdeckte K. N. Prasad vom „Geological Survey of India" in den Siwalik-Bergen bei Haritalyangar nahe Chakrana im Staat Bilaspur etliche Fossilien von Menschenaffen aus dem Miozän. Für diese Funde interessierte sich der amerikanische Primatologe Elwyn L. Simons von der „Yale University", der sich 1968 einer Expedition unter Leitung von Shiv Raj Kumar Chopra (1931–1994) von der „Punjab University" anschloss. Daran nahm auch der amerikanische Paläontologe Grant E. Meyer teil, dem der einheimische Bauer Sunkar Ram einen fossilen Unterkiefer zeigte, den er einige Jahr zuvor auf seinen Anbauterrassen entdeckt hatte. Das Fossil stammte von einem sehr großen Primaten. Der von Sunkar Ram entdeckte Unterkiefer bewies die Anwesenheit des fossilen Menschenaffen *Gigantopithecus* auch in Indien. Für die neue Spezies schlugen Frederic S. Szalay und Eric Delson 1979 den Artnamen *Gigantopithecus bilaspurensis* vor. Ein Synonym davon ist *Gigantopithecus giganteus*.
Anpassungen der Zähne von *Gigantopithecus bilaspurensis* erhöhten den Widerstand gegen den Verschleiß. Die Front-zähne sind vergleichsweise klein, die Backenzähne dagegen massiv und haben einen dicken Zahnschmelz. Elwin L. Simons stellte 1972 Analogien mit dem Großen Panda *(Ailurpoda)* fest. Dieser Pflanzenfresser ist voll auf die Nahrungssuche auf dem Boden angepasst und ernährt sich vor allem von Bambus. Ähnlich könnte es auch bei *Gigantopithecus* gewesen sein, der womöglich nicht aufrecht auf zwei Beinen ging.
In der Systematik gehört *Gigantopithecus* heute zur Ordnung Primaten (Primates), Unterordnung Trockennasenaffen (Haplorhini), Teilordnung Altweltaffen (Catarrhini), Über-familie Menschenartige (Hominoidea), Familie Menschen-

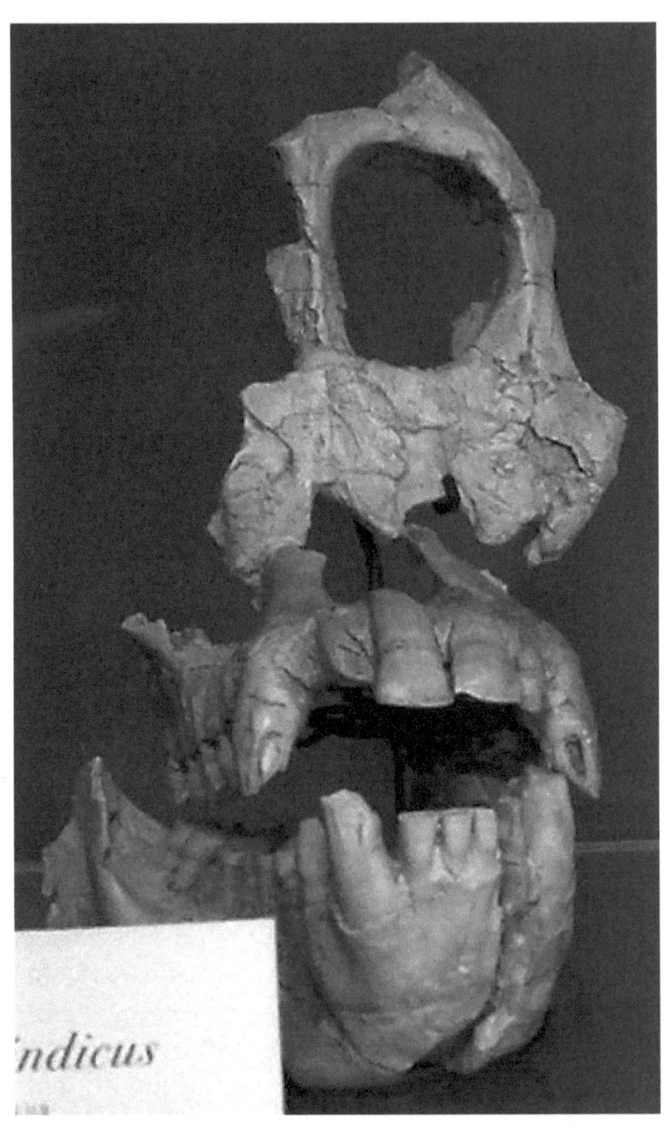

Schädel von Sivapithecus indicus
im „Muséum national d'histoire naturelle", Paris

98

affen (Hominidae) und Gattung *Gigantopithecus*. Er wird nicht in die Ahnenreihe der Menschen gerechnet, wie manche Wissenschaftler vermutet hatten, sondern der Affen.

Im Januar 1985 versuchte der amerikanische Anthropologe Grover S. Krantz, bei einem Kongress der „International Society of Cryptozoology" den Affenmenschen „Bigfoot" als *Gigantopithecus blacki* wissenschaftlich zu beschreiben. Doch die „International Commission on Zoological Nomenclature" ging darauf nicht ein, weil *Gigantopithecus blacki* als Taxon bereits vergeben war und Krantz keinen Holotyp vorweisen konnte. Krantz meinte, seine Gipsabgüsse der Fußspuren reichten als Holotyp aus und schlug später *Gigantopithecus canadensis* als Artnamen vor. Sein Manuskript „A Species Named from Footprints" stieß bei wissenschaftlichen Publikationen auf kein Interesse.

Gigantopithecus blacki ernährte sich vermutlich vegetarisch von Bambus. Einige Reste dieses Menschenaffen hat man in Nähe von fossilen Pandabären gefunden, was auf ausgedehnte Bambus-Vorkommen hindeuten könnte. Die mächtigen Kiefer und Zähne von *Gigantopithecus blacki* eigneten sich gut zum Kauen harter Pflanzennahrung.

Als nächster Verwandter von *Gigantopithecus* wird der merkliche kleinere *Sivapithecus* diskutiert. Dieses Tier existierte in Südosteuropa, Asien und Afrika. Der nächste heute noch lebende Verwandte ist vermutlich der Orang-Utan. Gewisse Anzeichen könnten aber auch für Gorillas als nächste Verwandte sprechen. Obwohl *Gigantopithecus* schon lange ausgestorben ist, wollen ihn amerikanische Soldaten noch während des Vietnamkrieges in den 1960-er und 1970-er Jahren im Dschungel beobachtet haben.

Das Nachrichten-Magazin „Der Spiegel" berichtete 2009, der britische Biologe und Primatenspezialist Ian Redmond sei

Wildlebender Orang-Utan
im „Kutai National Park" auf Borneo in Indonesien

100

jüngst in dern Besitz eines Haarbüschels gelangt, das nach seiner Vermutung von einem Nachfahren des *Gigantopithecus* stammen solle. Nach ersten mikroskopischen Untersuchungen glaubte Redmond immer noch, er sei einem bislang unbekannten Menschenaffen auf der Spur. Doch eine „DNA"-Probe zerstörte seine Hoffnungen, weil die Fellreste von einer Bergziege stammten.

Der nicht auszurottende Glaube an den „Yeti" wird von dem deutschen Theologen Eugen Drewermann tiefenpsychologisch erklärt. Er meint, im menschenähnlichen Affen sähen wir „so etwas wie eine Rückerinnerung an das Heraufdämmern des menschlichen Bewusstseins in den Jahrmillionen der Evolution". Das Tierische in uns sei von ungeheurer Dynamik.

Deutscher Theologe Eugen Drewermann

104

Entdeckungen von Affenmenschen

Viertes Jahrhundert vor Christus: Der chinesische Staatsmann und Dichter Qu Yuan (340–278 v. Chr.) des Staates Chu erwähnt in seinen Versen gewisse Menschenfresser, die im Gebirge leben. Sein Haus befand sich südlich des Berg- und Waldgebietes Shennongjia in der Provinz Hubei, das als Heimat des Affenmenschen „Yeren" diskutiert wird.

Um 1000 nach Christus: In Tibet erwähnt der Yogi Milarepa, der als Einsiedler im Himalaja lebt, in seinen Gesängen einen Affenmenschen, bei dem es sich um den „Yeti" handeln soll.

13. Jahrhundert: Der venezianische Kaufmann Marco Polo (1254–1324), der Zentralasien und China bereist und 1292 Sumatra besucht, erwähnt zum ersten Mal den Affenmenschen „Sumatra Yeti".

1420-er Jahre: Der aus Bayern stammende Soldat Johannes Schiltberger (1381–um 1427) erfährt in der Mongolei von einem Wesen, das keinem der bis dahin bekannten menschenartigen Affen gleicht und den mongolischen Namen „Alma" trägt.

1595: Der englische Seefahrer Sir Walter Raleigh (1552–1618), der Raub- und Entdeckungsfahrten in die mittelamerikanischen Gewässer veranlasst, hört von bösen affenartigen Wesen, die Frauen verschleppen und Männer angreifen.

1790: In Australien beobachtet erstmals ein Weißer den Affenmenschen „Yowie". Bereits zur Zeit der Besiedlung Australiens durch die ersten Weißen kursierten Geschichten

Affenmensch „Orang Pendek" auf Sumatra,
Zeichnung von Shuhei Tamura

über einen 1,80 bis 2,70 Meter großen Affenmenschen, der angeblich in den Wäldern des „Fünften Kontinents" haust.

1800: Der deutsche Naturforscher Alexander von Humboldt (1769–1859) wird in Lateinamerika von Indianern vor affenartigen, Frauen raubenden und Menschenfleisch essenden Kreaturen namens „Vasitri" oder „Big Devil" gewarnt.

1811: Der Forschungsreisende David Thompson (1770–1857) sichtet als erster Weißer ungewöhnlich große, menschliche Fußspuren des Affenmenschen „Sasquatch" in Nähe der heutigen kanadischen Stadt Jasper.

1869: Ein Regierungsbeamter von British-Guyana und einheimische Begleiter begegnen im Wald einer mysteriösen Kreatur und hören zwei oder drei Mal ein lautes, langes Pfeifen.

1917: Der Affenmensch „Orang Pendek" aus Sumatra wird in einem niederländischen Wissenschaftsjournal erwähnt. Der Farmer und Zoologe Edward Jacobson (1870–1944), der als einer der ersten Forscher die Vulkaninsel Krakatau nach dem verheerenden Ausbruch von 1893 aufsuchte, hatte Indizien für die Existenz eines Affenmenschen auf Sumatra zusammengetragen.

1920: Die Expedition des Schweizer Geologen François de Loys (1892–1935) begegnet am Ufer des Tarra-River in den wenig erforschten Bergdschungeln der Sierra de Perijáa an der kolumbisch-venezolanischen Grenze zwei großen, haarigen und schwanzlosen Affen, die menschenähnlicher als alle bis dahin bekannten südamerikanischen Primaten waren. Dieses südamerikanische Gegenstück zum nordamerikanischen Affenmenschen „Bigfoot" wird als „De-Loys-Affe" bezeichnet.

1923: Der niederländische Siedler J. van Herwaarden sichtet während einer Wildschweinjagd auf Sumatra den auf einem Baum sitzenden Affenmenschen „Orang Pendek".

*Sibirischer
Affenmensch
„Chuchunaa",
Zeichnung von
Shuhei Tamura*

1928: Forschungsteams sammeln in Sibirien Informationen über den Affenmenschen „Chuchunaa".

1920-er und 1930-er Jahre: Der Affenmensch „Skunk Ape" („Stinktier-Affe") wird oft erblickt, als man Teile der Everglades in Südflorida (USA) abholzt.

1947: Einer Kolonne von 20 Franzosen und Einheimischen glückt in einem Urwald in Indochina (heute Vietnam) die erste Sichtung des Affenmenschen „Nguoi Rung".

1958: Der Name „Bigfoot" taucht erstmals in den amerikanischen Medien auf, nachdem der Arbeiter Jerry Crew auf einer Baustelle ungewöhnlich große Fußspuren entdeckt hat.

1960-er und 1970-er Jahre: Während des Vietnamkrieges wird der Affenmensch „Nguoi Rung" erstmals von Weißen gesichtet.

1960-er Jahre: Auf amerikanischen Jahrmärkten wird der als „Minnesota Iceman" bezeichnete Körper eines menschenartigen Wesens gezeigt, der in einen Eisblock eingefroren ist. Angeblich soll er aus Vietnam stammen.

20. Oktober 1967: Roger Patterson und Bob Gimlin filmen in der Nähe von Bluff Creek (Kalifornien) eine aufrecht gehende, affenähnliche Kreatur, deren Größe auf 2 bis 2,40 Meter geschätzt wird. Dieser umstrittene Film gilt als bekanntester Beweis für die Existenz von „Bigfoot".

Sommer 1989: Die englische Journalistin Debbie Martyr hört bei Reisen im Kerinci-Seblat-Nationalpark vom Affenmenschen „Orang Pendek" und kann im September eine Fährte betrachten. Seitdem sammelt sie Berichte von Augenzeugen und sucht in den Bergen Sumatras dieses scheue Geschöpf.

Autor Ernst Probst

Der Autor

Ernst Probst, geboren am 20. Januar 1946 in Neunburg vorm Wald im bayerischen Regierungsbezirk Oberpfalz, ist Journalist und Buchautor. Er arbeitete von 1968 bis 1971 als Redakteur bei den „Nürnberger Nachrichten", von 1971 bis 1973 in der Zentralredaktion des „Ring Nordbayerischer Tageszeitungen" in Bayreuth und von 1973 bis 2001 bei der „Allgemeinen Zeitung", Mainz. Von 2001 bis 2006 war er zunächst als Buchverleger und später auch weltweit als Fossilien- und Antiquitätenhändler aktiv In seiner Freizeit schrieb Ernst Probst vor allem populärwissenschaftliche Artikel für die „Frankfurter Allgemeine Zeitung", „Süddeutsche Zeitung", „Die Welt", „Frankfurter Rundschau", „Neue Zürcher Zeitung", „Tages-Anzeiger", Zürich, „Salzburger Nachrichten", „Oberösterreichische Nachrichten", Linz, „Die Zeit", „Rheinischer Merkur", „Deutsches Allgemeines Sonntagsblatt", „bild der wissenschaft", „kosmos", „Deutsche Presse-Agentur" (dpa), „Associated Press" (AP) und den „Deutschen Forschungsdienst" (df). Aus der Feder von Ernst Probst stammen zahlreiche Beiträge der Buchreihe „Geschichten, die die Forschung schreibt" sowie die Bücher „Deutschland in der Urzeit" (1986), „Deutschland in der Steinzeit" (1991), „Rekorde der Urzeit" (1992), „Dinosaurier in Deutschland" (1993 zusammen mit Raymund Windolf) und „Deutschland in der Bronzezeit" (1996). Von 1986 bis heute veröffentlichte Probst rund 300 Bücher, Taschenbücher, Broschüren und E-Books.

Literatur

Vorwort
HEUVELMANS, Bernard: On The Track of Unknown
Animals, London 1963
KRYPTOZOOLOGIE http://wikipedia.org/wiki/Kryptid
PROBST, Ernst: Affenmenschen. Von Bigfoot bis zum Yeti,
München 2013

Yeti
AFP (Jeff Pachoud): Sibirische Region erklärt Existenz
des Yeti für bewiesen. Forscher wollen Lagerstätte entdeckt
haben, 10. Oktober 2011
BARSBOLD, Rinchen: Almas – Mongolian relative of the
snow man, Contemptorary Mongolia, no. 5, pp. 34–38,
1958
BERNARD HEUELMANS Wikipedia
http://de.wikipedia.org/wiki/Bernard_Heuvelmans
BIEDERMANN, Hans: Schneemensch und Bärenmythik,
Mitteilungen der Anthropologischen Gesellschaft in Wien,
95, S. 101–105, Wien 1965
BIEDERMANN, Hans: Die Sage vom Schneemenschen –
ein umgeformter Bärenmythos, Quartär, 17, S. 141–152,
Bonn 1966
BIEDERMANN, Hans: Das Rätsel des Himalaja-
Schneemenschen, Universum, Monatsschrift für Natur,
Technik und Wissenschaft, 22. Nr. 2, S. 68–72, Wien 1967
BORD, Janet / BORD, Colin: Unheimliche Phänomene
des 20. Jahrhunderts, München 1995
COLEMAN, Loren / CLARK, Jerome: Cryptozoology

A to Z: The Encyclopedia of Loch Monsters, Sasquatch, Chupacabras, and Ohther Authenthics Mystreies of Nature, Sutton Valence 1999
COLEMAN, Loren / HUYGHE, Patrick: The Field Guide to Bigfoot, Yeti and Other Mystery Primates Worldwide, New York City 1999
CRYPTOZOO.ORG http://www.cryptozoo.org
DOIG, Desmond / HILLARY, Edmund: Schneemensch und Gipfelstürmer. Die Hillary-Himalaja-Expedition 1960/1961, Wiesbaden 1963
DYHRENFURTH, Günter Oskar: Himalaya. Unsere Expedition 1930, Berlin 1931
DYHRENFURTH, Günter Oskar: Zum dritten Pol, München 1952
ELWES, Henry John: On the Possible Existence of a Large Ape, Unknown to Science, in Sikkim, Proceedings of the Zoological Society of London, p. 294, London 1915
FILCHNER, Wilhelm: Tschung Kue. Das Reich der Mitte. Alt-China vor dem Zusammenbruch, Berlin 1925
FINDEISEN, Hans: Das Tier als Gott, Dämon und Ahne, Stuttgart 1956
FRENZ, Lothar: Riesenkraken und Tigerwölfe – Auf den Spuren der Kryptozoologie, Hamburg 2003
FÜRER-HAIMENDORFF, Christoph von: Scalp of an Abominable Snowman? The Illustrated London News, vol. 224, no. 5997, p. 477, London 1954
GEBHARDT, Harald / LUDWIG, Mario: Von Drachen, Yetis und Vampiren – Fabeltieren auf der Spur, München 2005
GIGANTOPITHECUS BLACKI
http://www.primata.de
GIGANTOPITHECUS GIGANTEUS

http://www.primata.de

GRENZWISSENSCHAFT-AKTUELL. Täglich aktuelle Nachrichten aus Grenz- und Parawissenschaft http://grenzwissenschaft-aktuell.blogspot.de

HÄUSSLER, Oliver: Everest-Historie. Die vergessenen Schweizer Pioniere, Spiegel-Online, 29. Mai 2003, Hamburg

HEUVELMANS, Bernard: On the Track of Unknown Animals, London 1963

HILLARY, Edmund: High Adventure, London 1955

HILLARY, Edmund: Abominable – and Improbable? New York Times Magazine, New York 1960

HÖFLING, Helmut: Ufos, Urwelt, Ungeheuer. Das große Buch der Sensationen, Köln 1996

HOOIJER, Dirk Albert: Some Notes on the Gigantopithecus question, American Journal of Physical Anthropology 7, S. 513–518, Philadelphia 1949

HOOIJER, Dirk Albert: The Geological Age of Pithecanthropus, Meganthropus and Gigantopithecus, American Journal of Physical Anthropology 9, S. 265–272, Philadelphia 1951

HOWARD-BURY, Charles Kenneth: Mount Everest, the Reconnaissance, London 1922

HOWARD-BURY, Charles Kenneth: Mount Everest. Die Erkundungsfahrt 1921 (deutsche Übersetzung von W. Ricker Rickmers), Basel 1922

HUNT, John: Mount Everest (deutsche Übersetzung von „The Ascent of Everest", London 1953), Wien 1954

IZZARD, Ralph: The Abominable Snowman Adventure. Account of the Daily Mail Himalayan expedition, London 1954

KAULBACK, Ronald: 20 Months in Tibet, The Times,

12. Juli 1937, London
KAULBACK, Ronald: The Mountain Men, The Times,
13. Juli 1937, London
KOENIGSWALD, Gustav Heinrich Ralph von: Eine
fossile Säugetierfauna mit Simia aus Südchina,
Koninklijke Akademie van Wetenschapen te Amsterdam,
Amsterdam 1935
KRYPTOZOOLOGIE-ONLINE
http://www.kryptozoologie-online.de
KRYPTOZOOLOGIE, Wikipedia,
http: //de.wikipedia.org/wiki/Kryptozoologie
LANGER, Annette: Interview mit Reinhold Messner. Wir
sind ganz arme Hascherl, Spiegel-Online, Hamburg 2002
LIN YUTANG: Famous Chinese Short Stories, New York
1952
MAROZI: Hominologie – ein taxonomischer Überblick.
http://www.kryptozoologie-online.de
MCGOVERN, William: Als Kul nach Lhasa, Berlin 1924
MESSNER, Reinhold: Yeti – Legende und Wirklichkeit,
Frankfurt am Main 1998
NAICA-LOEBELL, Andrea: Der Yeti haart. Ein Team von
britischen Wissenschaftlern und Dokumentarfilmern hat in
Bhutan Haare gefunden, die vom sagenhaften Yeti
stammen können, Telepolis Wissenschaft, Hannover, 25.
April 1001
NAICA-LOEBELL, Andrea: King Kong umarmte den
Menschen. Neue Forschungen zeigen, dass der größte
Primat, der jemals gelebt hat, den Menschen noch traf,
bevor er ausstarb, Telepolis Wissenschaft, 3. Dezember
2005
NAPIER, John: Bigfoot: The Yeti and Sasquatch in Myth
and Reality, London 1972

NEBESKY-WOJKOWITZ, R. von: Wo Berge Götter sind.
Drei Jahre bei unerforschten Völkern des Himalaja,
Stuttgart 1955
NETZEITUNG http://www.netzeitung.de Yeti-Legende ist
ein Missverständnis, Köln, 20. September 2003
NOYCE, Wilfrid: South Col. One Man's Aventure on the
Ascent of Everest, Melbourne-London-Toronto 1954
OBRUCHEV, S. V.: The footprints of the snow man in the
Himalayas, News of the Geographical Society, v. 87,
edition 1, pp. 71–73, London 1957
OLSCHAK, Blanche C. / GANSSER, Augusto /
BÜHRER, Emil M.: Himalaja – Wachsende Berge –
Lebendige Mythen – Wandernde Menschen, Berlin 1994
PLYNY THE ELDER: The Historie of the World. Übersetzt
von Philemon Holland, 1601
PRANAVANADA, S.: Abominable Snowman, The Indian
Geographical Journal, 30, 3, 99–104, 1955
PRANAVANADA. Swami: Footprints of Snowman,
Journal of the Bombay Natural History Society,
pp. 448–550, Bombay 1955
PROBST, Ernst: Deutschland in der Steinzeit, München
1991
PROBST, Ernst: Rekorde der Urzeit, München 1992
PROBST, Ernst: Nessie. Das Monsterbuch, Mainz-
Kostheim 2003
REIFFENBERGER, Jan: Geheimnisvolle Affenmenschen.
In: Der Fährtenleser, Ausgabe 9, S. 3–12, Krombach 2010
REITZ, Manfred: Rätseltiere: Kryptozoologie. Mythen,
Spuren und Beweise, Stuttgart 2005
ROCKHILL, William Woodville: The Land of the Lamas,
London 1891
SCHNABEL, Ulrich / WILLMANN, Urs: Der Yeti darf

nicht sterben. Reinhold Messner will den Mythos enträtselt haben. Doch die Suche nach dem geheimnisvollen Schneemenschen geht weiter, Zeit Online, Hamburg 1998

SCHNEIDER, Michael: Spuren des Unbekannten – Kryptozoologie – Monster, Mythen und Legenden, Norderstedt 2002

SHACKLEY, Myra: Und sie leben doch. Bigfoot, Almas, Yeti und andere geheimnisvolle Wildmenschen, München 1983

SHIPTON, Eric: A Mystery of Everest: Footprints of the Abominable Snowman, The Times, 6. Dezember 1951, London

SHIPTON, Eric: The Mount Everest Reconnaissance Expedition, 1951, London 1952

SIMPKINS, F. J.: Himalayan footprints, The Field, 12. Juli 1952, London

SNAITH, Stanley: At Crips with Everest, London 1920

SPIEGEL ONLINE http://www.spiegel.de: Abenteurer wollen Yeti-Spur entdeckt haben, Hamburg, 20. Oktober 2008

SPIEGEL ONLINE http://www.spiegel.de: Interview mit Reinhold Messner. „Wir sind ganz arme Hascherl", Hamburg, 18, Januar 2002

STONOR, Charles Robert: The Sherpa and the Snowman, London 1955

SZALAY, Frederick S. / DELSON, Eric: Evolutionary History of the Primates, New York 1979

TENZING, Norgay / ULLMAN, James Ramsey: Tiger of the Snows: The Autobiography of Tenzing of Everest, New York 1955

TOMBAZIS, Nikolaos A.: Account of a photographic expedition to the southern glaciers of Kangchenjunga in the Sikkim Himalaya, Bombay 1925

VLCEK, Emanuel: Old literary evidence for the existence of the „snow man" in Tibet and Mongolia, Man, v. 50, London, August 1959

WADDELL, Laurence Austin: Among the Himalayas, London 1899

WEIDENREICH, Franz: Giaint Early Man from Java and South China, Anthropological papers of the American Museum of Natural History, vo. 40, part 1, New York 1945

WEIDENREICH, Franz: Apes, Giants and Man, Chicago 1946

WOOD. W. W.: Snowman or Monkey", Country Life, 103, p. 1234, London 1948

ZEDLER, Johann Heinrich: Großes vollständiges Universal-Lexicon aller Wissenschaften und Künste, 68 Bände, Leipzig und Halle 1732–1754

ZIEHR, Wilhelm (Herausgeber): Mysteriöse Fabeltiere und geisterhafte Wesen: vom Ungeheuer im Loch Ness bis zum Schneemenschen, Gütersloh 1987

Bildquellen

Titelblatt
Philippe Semeria / http://www.philippe-semeria.com /
CC-BY3.0: 1 (via Wikimedia Commons), lizensiert unter
CreativeCommons-Lizenz by-3.0-en,
http://creativecommons.org/licenses/by/3.0/legalcode

Vorwort
Talitha Wittich, Portraitzeichnung-deutschlandweit,
www.portrait-deutschland.de, Frankfurt am Main: 6
TKnox aus Chemainus, BC, Canada / http://flickr.com/
photos/59824614@N00/17022620 / CC-BY2.0: 8
(via Wikimedia Commons), lizensiert unter
CreativeCommons-Lizenz by-2.0-en,
http://creativecommons.org/licenses/by/2.0/legalcode
Laurence M. King / http://flickr.com/photos/
8268561@N03/4416271597 / CC-BY2.0: 10 (via
Wikimedia Commons), lizensiert unter CreativeCommons-
Lizenz by-2.0-de, http://creativecommons.org/licenses/by-
sa/2.0/legalcode
Ltshears / CC-BY-SA3.0: 11 (via Wikimedia Commons),
lizensiert unter CreativeCommons-Lizenz by-sa-3.0-de,
http://creativecommons.org/licenses/by-sa/3.0/legalcode
Antony from Gloucester, UK / http://www.flickr.com/
photos/16687586@N00 / CC-BY-SA2.0: 12 (via
Wikimedia Commons), lizensiert unter CreativeCommons-
Lizenz unter by-sa-2.0-de, http://creativecommons.org/
licenses/by-sa/2.0/legalcode
Jeff Gibbs / http://www.flickr.com/photos/jeffgibbs/
2167149548/in/set-72157600104317876 /

Bücher von Ernst Probst

Affenmenschen. Von Bigfoot bis zum Yeti, München 2013
Als Mainz noch nicht am Rhein lag
Archaeopteryx. Die Urvögel aus Bayern
Das Moustérien. Die große Zeit der Neanderthaler
Das Rätsel der Großsteingräber. Die nordwestdeutsche
Trichterbecher-Kultur
Der Höhlenbär
Der Rhein-Elefant. Das „Schreckenstier" von Eppelsheim
Der Ur-Rhein. Rheinhessen vor zehn Millionen Jahren
Deutschland im Eiszeitalter
Deutschland in der Frühbronzezeit
Deutschland in der Mittelbronzezeit
Deutschland in der Spätbronzezeit
Die nordische Bronzezeit in Deutschland
Dinosaurier in Deutschland
Dinosaurier von A bis K. Von Abelisaurus
bis Kritosaurus
Dinosaurier von L bis Z. Von Labocania
bis Zupaysaurus
Höhlenlöwen. Raubkatzen im Eiszeitalter
Johann Jakob Kaup. Der große Naturforscher
aus Darmstadt
Krallentiere am Ur-Rhein. Die Entdeckungsgeschichte
von Chalicotherium goldfussi
Menschenaffen am Ur-Rhein. Paidopithex,
Rhenopithecus und Dryopithecus
Monstern auf der Spur. Wie die Sagen über Drachen,
Riesen und Einhörner entstanden
Nessie. Das Monsterbuch

Rekorde der Urmenschen. Erfindungen, Kunst
und Religion
Rekorde der Urzeit. Landschaften, Pflanzen und Tiere
Säbelzahnkatzen. Von Machairodus bis zu Smilodon

Bestellungen bei: http://www.grin.com